青少年人工智能与编程系列丛书

潘晟旻　　主　编
刘领兵　姜　迪　副主编

清华大学出版社
北京

内容简介

本书是与“青少年人工智能与编程系列丛书”《跟我学 Python 三级》相配套的教学辅导书。全书共 12 个单元，内容覆盖青少年编程能力 Python 编程三级标准全部 12 个知识点，并与《跟我学 Python 三级》(以下简称“主教材”)完美呼应，可有效促进数据知识的理解和素养形成。为了帮助学习者深入了解教材的知识结构，更好地使用教材，同时帮助教师形成便于组织的教学方案，本书对主教材各单元的知识点定位、能力要求、建议教学时长、教学目标、知识结构、教学组织安排、教学实施参考、问题解答、习题答案等内容进行了系统介绍和说明。本书还提供了补充知识、拓展练习等思维拓展内容，任课教师可以根据学生的学业背景知识和年龄特点灵活选用。

本书可供报考全国青少年编程能力等级考试(PAAT) Python 三级科目的考生自学，也是教师组织教学的理想辅导教材。

图书在版编目(CIP)数据

跟我学 Python 三级教学辅导 / 潘晟旻主编 . —北京：清华大学出版社，2023.8
(青少年人工智能与编程系列丛书)
ISBN 978-7-302-64033-2

Ⅰ. ①跟…　Ⅱ. ①潘…　Ⅲ. ①软件工具－程序设计－青少年读物　Ⅳ. ① TP311.561-49

中国国家版本馆 CIP 数据核字(2023)第 128934 号

责任编辑：谢　琛　薛　阳
封面设计：刘　键
责任校对：韩天竹
责任印制：宋　林

出版发行：清华大学出版社
网　　址：http://www.tup.com.cn, http://www.wqbook.com
地　　址：北京清华大学学研大厦 A 座　　**邮　　编：**100084
社 总 机：010-83470000　　**邮　　购：**010-62786544
投稿与读者服务：010-62776969, c-service@tup.tsinghua.edu.cn
质量反馈：010-62772015, zhiliang@tup.tsinghua.edu.cn
印 装 者：三河市铭诚印务有限公司
经　　销：全国新华书店
开　　本：185mm × 260mm　　**印　　张：**10.75　　**字　　数：**202 千字
版　　次：2023 年 9 月第 1 版　　**印　　次：**2023 年 9 月第 1 次印刷
定　　价：69.00 元

产品编号：099519-01

序

Preface

为了规范青少年编程教育培训的课程、内容规范及考试，全国高等学校计算机教育研究会于 2019—2022 年陆续推出了一套《青少年编程能力等级》团体标准，包括以下 5 个标准：

- 《青少年编程能力等级 第 1 部分：图形化编程》（T/CERACU/AFCEC/SIA/CNYPA 100.1—2019）
- 《青少年编程能力等级 第 2 部分：Python 编程》（T/CERACU/AFCEC/SIA/CNYPA 100.2—2019）
- 《青少年编程能力等级 第 3 部分：机器人编程》（T/CERACU/AFCEC 100.3—2020）
- 《青少年编程能力等级 第 4 部分：C++ 编程》（T/CERACU/AFCEC 100.4—2020）
- 《青少年编程能力等级 第 5 部分：人工智能编程》（T/CERACU/AFCEC 100.5—2022）

本套丛书围绕这套标准，由全国高等学校计算机教育研究会组织相关高校计算机专业教师、经验丰富的青少年信息科技教师共同编写，旨在为广大学生、教师、家长提供一套科学严谨、内容完整、讲解详尽、通俗易懂的青少年编程培训教材，并包含教师参考书及教师培训教材。

这套丛书的编写特点是学生好学、老师好教、循序渐进、循循善诱，并且符合青少年的学习规律，有助于提高学生的学习兴趣，进而提高教学效率。

学习，是从人一出生就开始的，并不是从上学时才开始的；学习，是无处不在的，并不是坐在课堂、书桌前的事情；学习，是人与生俱来的本能，也是人类社会得以延续和发展的基础。那么，学习是快乐的还是枯燥的？青少年学

习编程是为了什么？这些问题其实也没有固定的答案，一个人的角色不同，便会从不同角度去认识。

从小的方面讲，“青少年人工智能与编程系列丛书”就是要给孩子们一套易学易懂的教材，使他们在合适的年龄选择喜欢的内容，用最有效的方式，愉快地学点有用的知识，通过学习编程启发青少年的计算思维，培养提出问题、分析问题和解决问题的能力；从大的方面讲，就是为国家培养未来人工智能领域的人才进行启蒙。

学编程对应试有用吗？对升学有用吗？对未来的职业前景有用吗？这是很多家长关心的问题，也是很多培训机构试图回答的问题。其实，抛开功利，换一个角度来看，一个喜欢学习、喜欢思考、喜欢探究的孩子，他的考试成绩是不会差的，一个从小善于发现问题、分析问题、解决问题的孩子，未来必将是一个有用的人才。

安排青少年的学习内容、学习计划的时候，的确要考虑“有什么用”的问题，也就是要考虑学习目标。如果能引导孩子对为他设计的学习内容爱不释手，那么教学效果一定会好。

青少年学一点计算机程序设计，俗称“编程”，目的并不是要他能写出多么有用的程序，或者很生硬地灌输给他一些技术、思维方式，要他被动接受，而是要充分顺应孩子的好奇心、求知欲、探索欲，让他不断发现“是什么”“为什么”，得到“原来如此”的豁然开朗的效果，进而尝试将自己想做的事情和做事情的逻辑写出来，交给计算机去实现并看到结果，获得“还可以这样啊”的欣喜，获得“我能做到”的信心和成就感。在这个过程中，自然而然地，他会愿意主动地学习技术，接受计算思维，体验发现问题、分析问题、解决问题的乐趣，从而提升自身的能力。

我认为在青少年阶段，尤其是对年龄比较小的孩子来说，不能过早地让他们感到学习是压力、是任务，而要学会轻松应对学习，满怀信心地面对需要解

决的问题。这样，成年后面对同样的困难和问题，他们的信心会更强，抗压能力也会更强。

针对青少年的编程教育，如果教学方法不对，容易走向两种误区：第一种，想做到寓教于乐，但是只图了个“乐”，学生跟着培训班“玩儿”编程，最后只是玩儿，没学会多少知识，更别提能力了，白白占用了很多时间，这多是因为教材没有设计好，老师的专业水平也不够，只是哄孩子玩儿；第二种，选的教材还不错，但老师只是严肃认真地照本宣科，按照教材和教参去“执行”教学，学生很容易厌学、抵触。

本套丛书是一套能让学生爱上编程的书。丛书体现的“寓教于乐”，不是浅层次的“玩乐”，而是一步一步地激发学生的求知欲，引导学生深入计算机程序的世界，享受在其中遨游的乐趣，是更深层次的“乐”。在学生可能有疑问的每个知识点，引导他去探究；在学生无从下手不知如何解决问题的时候，循循善诱，引导他学会层层分解、化繁为简，自己探索解决问题的思维方法，并自然而然地学会相应的语法和技术。总之，这不是一套“灌”知识的书，也不是一套强化能力“训练”的书，而是能巧妙地给学生引导和启发，帮助他主动探索、解决问题，获得成就感，同时学会知识、提高能力。

丛书以《青少年编程能力等级》团体标准为依据，设定分级目标，逐级递进，学生逐级通关，每一级递进都不会觉得太难，又能不断获得阶段性成就，使学生越学越爱学，从被引导到主动探究，最终爱上编程。

优质教材是优质课程的基础，围绕教材的支持与服务将助力优质课程。初学者靠自己看书自学计算机程序设计是不容易的，所以这套教材是需要有老师教的。教学效果如何，老师至关重要。为老师、学校和教育机构提供良好的服务也是本套丛书的特点。丛书不仅包括主教材，还包括教师参考书、教师培训教材，能够帮助新的任课教师、新开课的学校和教育机构更快更好地建设优质课程。专业相关、有时间的家长，也可以借助教师培训教材、教师参考书学习

和备课，然后伴随孩子一起学习，见证孩子的成长，分享孩子的成就。

成长中的孩子都是喜欢玩儿游戏的，很多家长觉得难以控制孩子玩计算机游戏。其实比起玩儿游戏，孩子更想知道游戏背后的事情，学习编程，让孩子体会到为什么计算机里能有游戏，并且可以自己设计简单的游戏，这样就揭去了游戏的神秘面纱，而不至于沉迷于游戏。

希望这套承载着众多专家和教师心血、汇集了众多教育培训经验、依据全国高等学校计算机教育研究会团体标准编写的丛书，能够成为广大青少年学习人工智能知识、编程技术和计算思维的伴侣和助手。

清华大学计算机科学与技术系教授　郑　莉

2022 年 8 月于清华园

前 言

Foreword

国家大力推动青少年人工智能和编程教育的普及与发展，为中国科技自主创新培养扎实的后备力量。Python 作为贯彻《新一代人工智能发展规划》和《中国教育现代化 2035》的主流编程语言，在青少年编程领域逐渐得到了广泛的推广和普及。

当前，作为一项方兴未艾的事业——青少年编程教育在实施中受到因地区差异、师资力量专业化程度不够、社会培训机构庞杂等诸多因素引发的无序发展状态，出现了教学质量良莠不齐、教学目标不明确、教学质量无法科学评价等诸多“痛点”问题。

本套丛书以团体标准《青少年编程能力等级第 2 部分：Python 编程》（T/CERACU/AFCEC/SIA/CNYPA100.2—2019，以下简称“标准”）为依据，内容覆盖 Python 编程 4 个级别全部 48 个知识单元。本书与《跟我学 Python 三级》相配合，形成了便于老师组织教学、家长辅导孩子学习 Python 的方案。书中涉及的拓展知识，可以根据学生的学业背景知识和年龄特点灵活选用。本书中的题目均指的是主教材的题目。

本书融合了中华民族传统文化、社会主义核心价值观、红色基因传承等思政元素，注重以“知识、能力、素养”为目标，实现“育德”与“育人”的协同。本书内容与符合标准认证的全国青少年编程能力等级考试——PAAT 深度融合，教材所述知识点、练习题与考试大纲、命题范围、难度及命题形式完全吻合，是 PAAT 考试培训的理想教材。

使用规范、科学的教材，推动青少年 Python 编程教育的规范化，以编程能力培养为核心目标，培养青少年的计算思维和逻辑思维能力，塑造面向未来的青少年核心素养，是本教材编撰的初心和使命。

本书由潘晟旻组织编写并统稿。全书共 12 个单元，其中，第 1~7 单元由潘晟旻编写；第 8~12 单元由刘领兵编写；姜迪负责组织本书立体化资源建设。

本书的编写得到了全国高等学校计算机教育研究会的立项支持（课题编号：CERACU2021P03）。畅学教育科技有限公司为本书提供了插图设计和平台测试的支持。全国高等学校计算机教育研究会—清华大学出版社联合教材工作室对本书的编写给予了大力协助。“PAAT 全国青少年编程能力等级考试”考试委员会对本书给予了全面指导。郑骏、姚琳、石健、佟刚、李莹等专家、学者对本书进行了审阅和指导。在此对上述机构、专家、学者和同仁一并表示感谢！

希望老师们利用本教材能够顺利开展青少年 Python 编程的教学，培养孩子们的计算思维能力，引领孩子们愉快地开启 Python 编程之旅，学会用程序与世界沟通，用智慧创造未来。

作　者
2023 年 5 月

目　录

Contents

跟我学Python三级教学辅导

第1单元
序列与元组

1.1 知识点定位

青少年编程能力“Python 三级”核心知识点 1：序列与元组类型。

1.2 能 力 要 求

掌握并熟练编写带有元组的程序，具备解决有序数据组的处理问题的能力。

1.3 建议教学时长

本单元建议 2 课时。

1.4 教 学 目 标

1. 知识目标

本单元主要学习序列数据的特征，掌握序列类型的通用运算，并学习一种

新的序列类型——元组，掌握元组的创建及基本运算。

2. 能力目标

通过对字符串和列表的应用总结，掌握序列类型数据的特征，锻炼学习者从特殊到一般的信息归纳能力。

3. 素养目标

结合生活中的例子，辨析可变对象和不可变对象的应用特点，初步培养选取合适序列类型进行信息表达和处理的数字化学习与创新能力，树立原始创新的意识。

1.5 知识结构

本单元知识结构如图1-1所示。

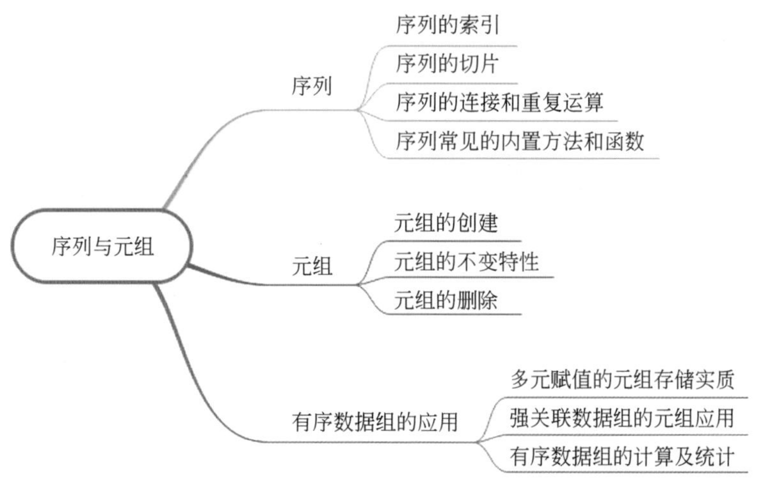

图1-1　序列与元组知识结构

1.6 补充知识

1. 数列与序列

在数学领域，人们将按照一定规律排列的一列数称为数列（sequence of number），而在程序设计领域，序列是一种数据的存储结构，几乎每种程序设计语言均提供了类似的数据结构用于存储序列。

数列主要是研究数与数之间的运算规律，而序列主要是研究对象间的存储规律，其存储的对象未必是数字。例如字符串，其存储对象是字符，是字符之间构成的有序的序列。

数列和序列之间又存在着密切的联系，数在数列中的位置叫作该数在数列中的项，项值一般用整数表示。Python 序列中的元素也拥有索引值，索引值的表示与数列中的项非常类似。数列都可以用一种合适的序列进行存储和实现。在 Python 的序列学习中，可以结合小学、初中、高中各学段的数列知识，通过程序设计加以实现。例如，南宋数学家杨辉在《详解九章算法》中记述的“开方作法本源”，即著名的杨辉三角，如图 1-2 所示，既可以作为数列问题用数学方法求解，又可以通过 Python 的序列，如列表，加以实现。

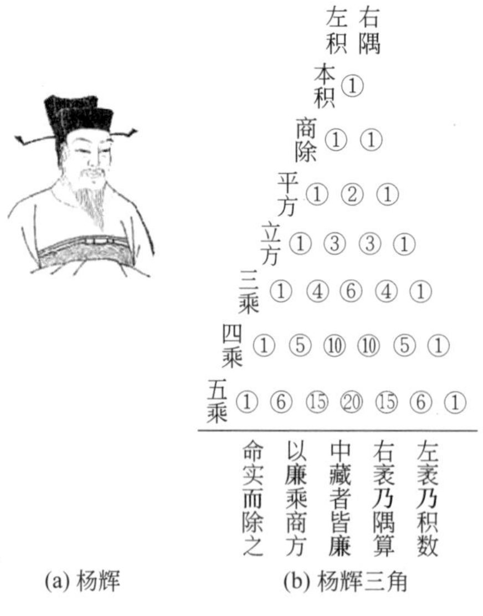

图 1-2　杨辉及杨辉三角

2 可变量和不可变量

在 Python 中，各种基本数据类型和逻辑类型，如数字、字符串等，只能创建不能修改，数据不能从根本意义上改变其值，只能改变赋予这个值的名字（类似于移动了标签），这种数据称为**不可变量**（immutable）。而另外一些类型的数据是可以改变的，如列表，既可以添加删除元素，还可以对元素重新排序，这类数据称为**可变量**（mutable）。

在序列类型中，列表是可变类型，而元组和字符串是不可变类型。字符串的构成元素只能是字符，而列表和元组的构成元素可以同属一种类型，也可以是属于不同类型的其他任何类型。因此，元组可以看作不可变的简单的列表。

3. 元组的“可变”之处

与列表类似，元组也可以任意嵌套，虽说元组是不可变类型，但是可以包含可变的元素，例如：

```
>>> tp = ('a','b',[1,2,3])
>>> tp[2][0] = 9
>>> tp
('a', 'b', [9, 2, 3])
```

这里 tp 是元组，其元素 tp[2] 是列表，所以对 tp[2][0] 的赋值操作是有效的。

4. 序列的打包及解包

Python 支持一对称为打包（packing）和解包（unpacking）的隐式运算，在计算中可以方便地将若干数据项打包为一个整体，也可以把包含若干元素的对象拆开使用。创建元组的过程就是打包的过程，例如：

```
>>> t_1 = 'a',1,2
>>> print(t_1)
('a', 1, 2)
```

可见 'a'、1、2 三个对象被整体打包给变量 t_1，形成了一个元组。

对于解包操作，实际上适合序列中的各类数据类型，不仅元组，字符串、列表都可以实现解包，只要赋值语句两边的元素结构相同即可。例如，下列解包运算分别适用于字符串、列表和元组。

1）字符串解包

```
>>> str1 = "中华文明"
>>> a,b,c,d = str1
>>> print("a={},b={},c={},d={}".format(a,b,c,d))
a=中,b=华,c=文,d=明
```

2）列表解包

```
>>> a,b,c = range(1,8,3)    #range()可以产生一个有限的列表
>>> print("a={},b={},c={}".format(a,b,c))
a=1,b=4,c=7
```

3）元组解包

```
>>> a,b,*c = ("红豆","芋头","百香果","蓝莓","西米")
>>> print("a={},b={},c={}".format(a,b,c))
a=红豆,b=芋头,c=['百香果', '蓝莓', '西米']
```

当元组中的元素不多时，可以一对一进行解包；当元组中元素较多时，可能要获取连续的元素的值，这种情况可以使用星号（*），捕获所有未指定范围的元素值。在上例中，*c 便捕捉了元组中除了解包给 a 和 b 以外的其他所有元素，并构成了一个列表。若学生已经掌握了函数的可变数量参数，则通过元组的此种解包方式讲解，可以使学生透彻理解函数参数传递过程。

同样地，在字符串、列表的拆包中也可以利用 * 接收连续的未定范围的元素值。

5. 程序资源

为了激发孩子的学习兴趣，本单元配套了古诗输出 - 元组 .py、杨辉三角 - 列表 .py 等程序，供授课教师选择演示。

1.7　教学组织安排

教学环节	教学过程	建议课时
知识导入	通过生活常识和学生已经具备的字符串、列表知识基础，导入序列类数据类型的概念。引导学生树立同一类中不同对象间既有共性又有区别的观念，进而将该观念迁移到对序列和元组之间关系的理解之中	1 课时
序列类型学习	依据学生较为熟悉的字符串和列表，总结性学习如下知识点： （1）序列的索引及访问； （2）序列的切片运算； （3）序列的连接和重复运算； （4）序列的其他常用运算、内置方法及函数	
知识回顾	序列的特征是由构成序列的具体类型的共有特征决定的	
元组类型学习	在序列的通用计算学习基础上，引入元组类型的介绍。在元组继承序列特征的基础上，学习以下知识点： （1）元组的创建； （2）元组的不可变对象特性； （3）元组重新赋值的本质； （4）元组的删除	1 课时
有序数据组的应用	与循环等编程逻辑相结合，完成简单的有序数组的编程应用，并进行相关计算的课堂编程练习	
单元总结	回顾各类序列数据类型的特征和异同，总结有序数据组的应用特点	

1.8　教学实施参考

1. 讨论式知识导入

通过如图 1-3 所示海龟画图的代码，让学生注意观察，设置颜色用的数列

（255，0，0）和 (0，255，0) 代表的颜色是完全不同的。得到数值出现的顺序不同，代表的信息含义不同的结论，进而引入有序数列的概念。

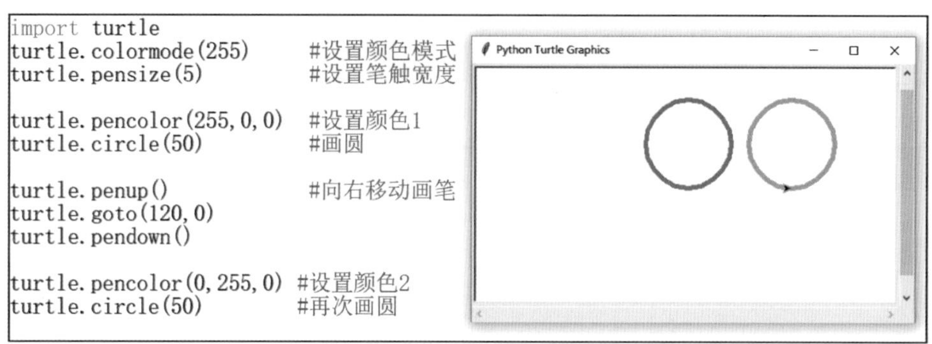

import turtle
turtle.colormode(255) #设置颜色模式
turtle.pensize(5) #设置笔触宽度
turtle.pencolor(255,0,0) #设置颜色1
turtle.circle(50) #画圆
turtle.penup() #向右移动画笔
turtle.goto(120,0)
turtle.pendown()
turtle.pencolor(0,255,0) #设置颜色2
turtle.circle(50) #再次画圆
Python Turtle Graphics

图 1-3　颜色序列示意

结合生活中的实例，讨论一下身边还有哪些有序数列存在。

2. 关于“排队”规则的探讨

以踢足球为例，作为教练员，开始比赛时可以排列一个上场队员的队伍：1 号、3 号、8 号、13 号……，在比赛中，可以用 9 号球员替换 3 号球员，13 号队员可能因为红牌被罚下……，也就是说，这是一个可变的序列。另外的信息队列，例如，一周的 7 天，星期一、星期二……星期日，则是固定的，不能够修改，也不能够增加或者删除。

通过上述思考，同学们理解在解决问题过程中，不同的应用场景有着不同的序列规则，因此序列中才有了列表、字符串、元组等性质各不相同的数据类型。

3. 在总结与归纳中认识序列

以知识回顾的形式，在学生已经掌握的字符串、列表知识基础上进行序列学习前的知识铺垫和引入。可以根据同学们对字符串和列表知识掌握的熟练程度弹性掌握列表通用操作部分学习的详略程度。

4. 知识点一：序列的索引和访问

（1）序列是由元素构成的。

（2）序列可以为空。

（3）序列的索引从 0 开始，且允许正向及负向索引。

（4）利用索引，可以取得序列的元素值。

5. 知识点二：切片

（1）以字符串为例，回顾和演示切片的典型运算。

（2）切片的三个重要参数：起始值、终止值以及步长。

（3）演示各参数省略的情况。

（4）演示正向、负向索引混合使用的情况。

（5）演示步长为负值的情况，说明切片设置不合理将得到空序列。

（6）问答式完成学生用书上的“想一想”问题和“练一练”问题，巩固对切片操作的理解。

6. 知识点三：连接和重复运算

（1）演示 + 和 * 运算符在序列中的应用效果。

（2）强调两类运算符对序列的运算结果是一个新的序列，可以通过索引的方式证明新序列与参与运算的序列是截然不同的两个对象。

（3）通过学生用书的思考问题，让学生上课亲自试一试，重复运算时，“序列 *n”的 *n* 值为 0 或者负数，以及 *n* 的值为小数时，运算的结果分别是什么?（*n* 为 0 或者负数将得到空序列，*n* 为小数运算将出错。）以此进一步强化同学们对语法规则重要性的认识，在学习编程的同时树立规则意识。

7. 知识点四：序列的其他逻辑判断运算、内置方法、函数的认识

（1）演示 in、not in 两类存在性判断运算，强调结果为逻辑值。

（2）选择性演示序列常用的内置方法及函数，例如，统计计算和长度判断等。

（3）以“练一练”的题目进行课堂练习，鼓励同学们尽量完成学生用书所列举的序列常用的内置方法及函数。

（4）进行序列类通用运算的知识点总结，以讨论的形式得出列表、字符串具有的共性运算，这些共性运算是由它们的共性特征决定的。锻炼同学们在同类对象中归纳共性，提高学习效率的计算思维能力。

8. 知识点五：元组的认识及创建

（1）强调元组是不可变的对象，不可变对象在强关联性有序数列应用中的必要性。

（2）讲解及演示元组的创建，特别是空元组以及只有一个元素的元组的创建方法。

（3）演示利用 tuple( ) 函数创建元组的方法，并与 list( ) 进行类比，注意其转换的对象的多样性以及具备可迭代性的特点。

9. 知识点六：元组的操作

（1）强化对元组属于序列的认知，加深对元组继承序列通用计算的理解。

（2）通过错误案例演示，加深对元组不可变特性的认识。

（3）演示元组的赋值和删除就意味着元组重新创建以及整体删除的特点。

（4）通过学生用书中的“练一练”习题，锻炼学生对元组操作综合应用的能力。

10. 知识点六：有序数据组的操作

（1）分析有序数据组的存储、计算、统计、排序等功能在日常生活中的广泛应用。

（2）以元组为例，演示序列的打包和解包操作。

（3）结合循环等编程逻辑，演示以元组为例的有序数据组的运算。

（4）与同学们共同完成学生用书中通过元组实现的统计评委打分的程序。

11. 单元总结

小结本单元的内容，布置课后作业。

1.9 拓展练习

（1）输入某年某月某日，判断这一天是这一年的第几天。

提示：定义元组，顺序存放平年各个月份在一年中的天数，例如，2月5日，则1月有31天，加上5天，表示该天是当年的第36天。元组定义为：

```
months = (0,31,59,90,120,151,181,212,243,273,304,334)
```

程序运行结果如图1-4所示。

（2）设元组 `score = (100,89,94,82,90)`，此元组为5位评委为某一选手所评的分数，去掉一个最低分，去掉一个最高分，其余分数的平均值为该选手的有效得分。

程序运行结果如图1-5所示。

```
请输入年份:
2022
请输入月份:
5
请输入日期:
1
这一天是2022年的第121天
```

图1-4　判断某年月日是该年第几天

```
去掉一个最低分82:
去掉一个最高分100:
有效分数为: 91.00
```

图1-5　评分结果

1.10 问题解答

【问题1-1】 都能够得到有效的切片值，第一个表达式 `[1, 2, 3, 4, 5][1:3]` 是对列表对象的常规切片，结果为 `[2,3]`，注意索引从0开始；第二个表达式 `[1, 2, 3, 4, 5][1:1]` 的切片结果为空列表[]，原因是切片不包含终止值所代表的索引元素值。

【问题1-2】 range( )是可以切片的，range( )得到是一个有限的序列，所以可以进行切片。本题表达式 `range(8)[1:3]` 的切片结果仍然为range( )形式，只是范围发生了变化，结果为range(1:3)。

【问题1-3】 选D。因为 `L = [1, 2, 3, 4, 5]`，切片 `L[-2:-3:-1]` 所得到的结果为[4]。

【问题1-4】 可以鼓励学生在编程实践的基础上得到答案，例如，做如下实验。

```
>>> "你好"*0
''
>>> [1, 2]*-5
[]
>>> '你好'*2.5
Traceback (most recent call last):
  File "<pyshell#3>", line 1, in <module>
    '你好'*2.5
TypeError: can't multiply sequence by non-int of type 'float'
```

根据实验结果可以得出：对“序列 *n”的操作，当 *n* 为 0 或负整数时，得到的是空序列；当 *n* 为浮点数时，运算将出错，该类运算不支持浮点数。

【问题 1-5】 选 B。因为 `t.count(9)` 是统计元素 9 在列表中出现的次数，因为只出现一次，所以结果为 1，在所有选项结果中的值最小。

【问题 1-6】 选 D。本题元组最后一个元素是一个列表，对列表进行 min( ) 函数运算求最小值，结果为 2。

【问题 1-7】 程序参考代码如下。

```
score = (78.9, 83.4, 90.7, 92.5, 85.6, 94.9)
s=0
for i in range(len(score)):
     s = s + score[i]
s = s - max(score) - min(score)
s = s / (len(score) - 2)
print("该选手有效得分为：{:.2f}".format(s))
```

1.11 第 1 单元习题答案

1. D　2. B　3. C　4. A　5. D　6. C　7. D　8. A　9.D

10. 编程题参考答案

```
a,b,c = eval(input( ))
result =[]
for i in range(c):
    result.append(a + b*i)
print(result)
```

11. 编程题参考答案

```
tnum=('〇','一','二','三','四','五','六','七','八','九')
num=eval(input( ))
hnum = []
while num != 0:
    t=num % 10
    hnum.append(tnum[t])
    num=num//10
for k in hnum[::-1]:
    print(k,end="")
```

本单元资源下载可扫描下方二维码。

扩展资源

第 2 单元
集　合

2.1　知识点定位

青少年编程能力“Python 三级”核心知识点 2：集合类型。

2.2　能力要求

掌握并熟练编写带有集合的程序，具备解决无序数据组的处理问题的能力。

2.3　建议教学时长

本单元建议 2 课时。

2.4　教学目标

1. 知识目标

本单元主要学习集合数据类型的特征，掌握集合类型的创建和集合基本运算，了解无序数据组的数据处理。

2. 能力目标

通过对集合数据类型的学习及应用，掌握集合是具有某种特定特征的事物总体的概念内涵，锻炼学习者对有序和无序数据组区分的能力，并能够合理利用集合运算进行成员判定、去除重复、定位和筛选信息的能力。

3. 素养目标

在以集合为代表的无序数据组的学习中，进一步学会辨析数据特征，提高合理利用不同数据组的特点解决实际问题的能力。通过集合类型无序特征支持的特色运算，培养综合运用数据运算特征解决问题的数据思维能力及素养。

2.5 知识结构

本单元知识结构如图 2-1 所示。

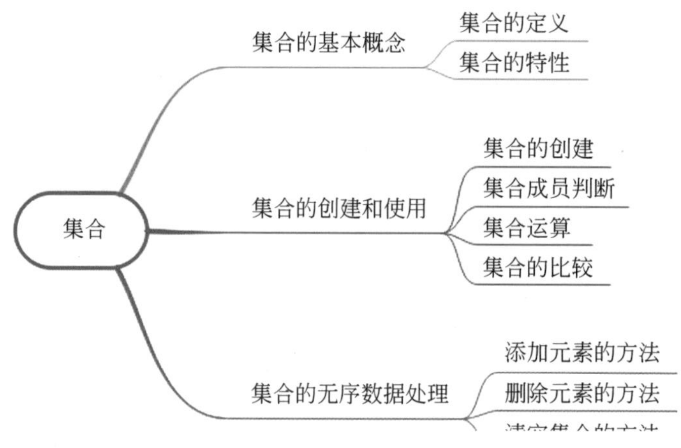

图 2-1　集合知识结构

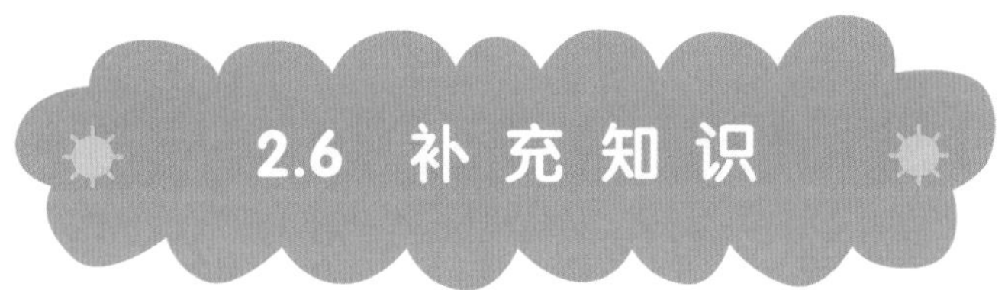

2.6 补充知识

1. 不可变量集合对象

在 Python 中，集合是没有顺序的简单对象的聚合，其类型分为可变集合对象和不可变集合对象两种。不可变集合对象的创建方式如下。

```
>>> frozenset()   # 创建一个空的不可变集合
frozenset()
>>> sf = frozenset("Hello") # 创建一个不可变集合，参数为可枚举的对象
>>> sf
frozenset({'e', 'o', 'H', 'l'})
```

不可变集合不支持 add( )、remove( ) 等方法，其支持的方法如图 2-2 所示（以不可变集合 sf 为例）。

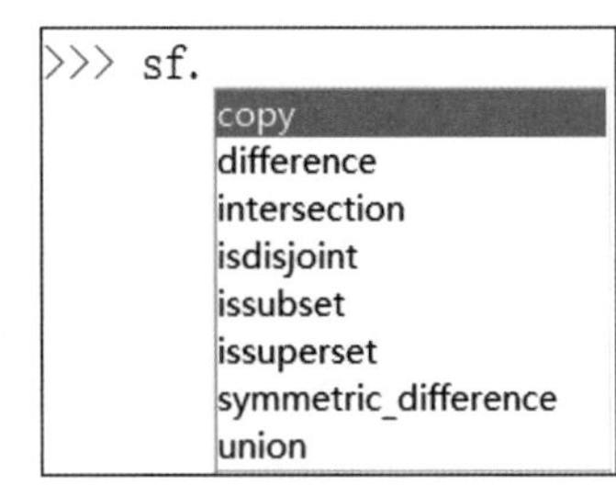

图 2-2　不可变集合对象支持的方法

注意：在青少年编程能力等级：Python 编程三级的核心知识点要求中，仅涉及可变集合对象（set），教学中可以视学生对 Python 的掌握程度作适当的补充。考察学生学习能力时，涉及集合是否为可变对象的辨析时，要慎重考虑，或者明确为 set 对象。

2. 集合无序性的实现原理

在不同的时机调用相同的集合，会得到不同的元素排列顺序，例如下列代码：

```
>>> set(['A','B','C'])
{'C', 'A', 'B'}
>>> print("hash_A:{}\nhash_B:{}\nhash_C:{}\n".\
format(hash('A'),hash('B'),hash('C')))
```

```
hash_A:-541014189416521268
hash_B:-8885032576461353914
hash_C:-268563131177531284
>>> set(['A','B','C'])
{'A', 'B', 'C'}
>>> print("hash_A:{}\nhash_B:{}\nhash_C:{}\n".\
format(hash('A'),hash('B'),hash('C')))
hash_A:-8375310918560380472
hash_B:3435603473118758651
hash_C:-4225458357918698648
```

可见，在两次执行代码的过程中，集合元素的排列顺序发生了改变，这就是所谓的集合无序性。接着在调用元素的 hash 值时会发现，原来元素的排列顺序是由 hash 值决定的。这里揭示了集合存储的本质，其存储依据对象的 hash 码。hash 值是根据 hash 算法得来的，hash(哈希)算法是一类算法的统称，这类算法的共同特征是可以把任意长度的输入通过散列算法变换成固定长度的输出，该输出就是 hash 值。

Python 3.x 添加了 hash 算法的随机性，以提高安全性，因此对于每个新的 Python 调用，同样的数据源生成的结果都将不同。但是对于 int 数据，Python 的 hash 算法得到的 hash 值是数值本身。

在 Python 中，所有内置的不可变对象（bool、int、float、complex、str、tuple、frozenset 等）都是可 hash 的对象，而内置的可变对象（list、dict、set 等），都是不可 hash 的对象。

例如：

```
>>> hash([1,2])
Traceback (most recent call last):
  File "<pyshell#2>", line 1, in <module>
    hash([1,2])
TypeError: unhashable type: 'list'
```

在上面的代码中，试图对列表 [1,2] 进行 hash( ) 计算，等到的出错信息中提示“TypeError: unhashable type: 'list'”，即提示 list 是不可 hash 的数据类型。

因为集合依据元素的 hash 值进行存储，而不可变类型是可以 hash 的，这就是集合元素必须是不可变类型的本质原因。

3. 集合的关系判断扩展

除了《跟我学 Python（三级）》第 2 单元中介绍的集合运算，集合间还可以进行关系判断。例如，以下三种集合间的关系判断。

（1）判断两个集合间是否交集。语法格式为：`s1.isdisjoint(s2)`。若两个集合无交集，则返回 True，否则返回 False。如图 2-3 所示的两个集合，运算结果为 True。

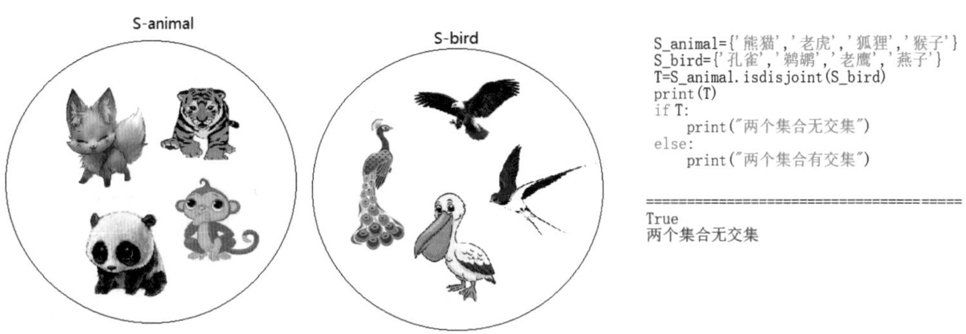

图 2-3　判断两个集合是否有交集

（2）判断集合 s1 是否为集合 s2 的超集。语法格式为：s1.issuperset(s2)。该方法若返回值为 True，则表示 s1 是 s2 的超集。该方法等价于集合关系运算 s1>=s2。

（3）判断集合 s1 是否为集合 s2 的子集。语法格式为：s1.issubset(s2)。该方法若返回值为 True，则表示 s1 是 s2 的子集。该方法等价于集合关系运算 s1<=s2。

图 2-4 展示了集合的子集判断运算。

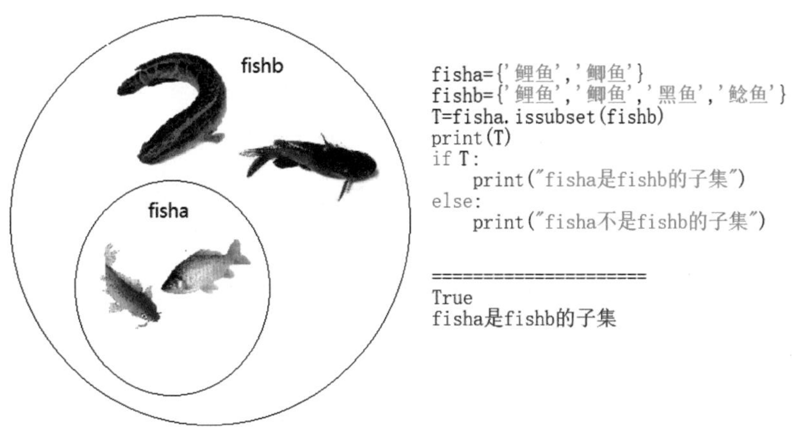

fishb
fisha
fisha={'鲤鱼','鲫鱼'}
fishb={'鲤鱼','鲫鱼','黑鱼','鲶鱼'}
T=fisha.issubset(fishb)
S_animal={'熊猫','老虎','狐狸','猴子'}
S_bird={'孔雀','鹈鹕','老鹰','燕子'}
print(T)
if T:
print("fisha是fishb的子集")
else:
print("两个集合有交集")
print("fisha不是fishb的子集")
True
fisha是fishb的子集

图 2-4　集合的子集判断

4. 程序资源

本单元配套了列表转集合 .py、集合运算 .py 等程序，供授课教师选择演示，提高学生的学习兴趣。

2.7 教学组织安排

教学环节	教学过程	建议课时
知识导入	结合列表的特性，联系生活实际引入集合的概念。通过实例让学生感受集合的元素不重复以及无序的特征。采集标本，记录标本的种类；构成一个班集体的所有同学；水彩盘中的各种色彩颜料……这些都是生活中的集合	1 课时
集合类型学习	在集合类型的学习中，着重通过实际编程操作，让学生熟练掌握集合类型的如下特征： （1）集合元素的唯一性（举例验证重复的元素将被过滤）。 （2）集合元素的无序性，在重新调用时，集合元素的顺序将出现随机性变化。 （3）集合允许不变类型作为元素，通过试错演示，加深学生对这一规则的认识。 （4）用 `type()` 测试用“`{}`”创建的是空字典而非空集合	
交互练习	（1）集合相等的判断（验证集合的无序性）。 （2）集合切片的错误验证（进一步验证集合的无序性）。 （3）用 `len()` 函数测定集合的长度，验证集合元素的唯一性。同时可以举一反三验证其他内置函数，如 `max()`、`min()` 等对于集合类型的有序性	
集合运算的学习	小学三年级数学教材（人教版）的数学广角中有过集合的介绍，结合生活经验，回顾利用韦恩图直观表达交集、并集、补集和差集，实现数形结合的运算。 通过集合运算符和集合对象方法，实现对上述集合运算的编程实现，让学生切身体会 Python 编程与数学运算的结合，在解决实际问题中的运用	1 课时

续表

教学环节	教学过程	建议课时
通过集合实现无序数据的运算及应用	集合（set）是可变的，通过集合对象方法，学习集合元素的增加、删除、弹出、清空等运算，并利用集合的无序性，实现带有随机性的集合编程应用	
知识回顾	单元内容较多，可以通过思维导图帮助同学们理清知识脉络，做好难点重点的强调	
总　结	总结本单元所学，做好课后复习与预习安排	

2.8　教学实施参考

1. 趣味问题导入集合概念

生活中有许多集合应用的实例，可以结合这些实例和经验，引出集合的概念。例如，上课前可以给同学们出一道趣味的思考题："两位妈妈和两个女儿去公园，每个人都需要买票入场，但是她们只买了三张票，就都顺利进入公园了。请问这是怎么做到的？"

老师可以引导同学们思考、讨论，并引导大家通过"画一画"的方式将这个问题的答案表示清楚，如图 2-5 所示。

图 2-5　集合趣味问题图解

通过这样的例子，可以让同学们初步建立集合及集合元素唯一性的概念。

2. 初步认识集合

首先采用直接通过元素序列的方式创建集合，通过 type( ) 函数认识集合的类型名。在此过程中让学生识记集合以“{ }”为边界标识，元素之间用“，”分隔，并且重复的元素将被去除等基本的特征。

3. 知识点一：集合的特性

（1）元素的唯一性。

（2）元素的无序性。

（3）集合（set）长度是可变的。

4. 知识点二：集合元素的构成

（1）不可变类型数据可以作为集合的元素。

（2）可变类型数据不可以作为集合的元素，例如，列表。

（3）通过问答式完成学生用书上的“想一想”问题和“练一练”问题，巩固对集合特性的理解。

5. 知识点三：集合的创建方法

（1）set( ) 方法在创建集合中的使用。

（2）空集合的创建方法。

（3）用命令“{ }”直接创建的对象是字典而非集合。

（4）用 in、not in 判断某一元素是否属于集合。

6. 知识点四：集合运算

（1）结合韦恩图，通过 Python 命令演示集合运算符（交集、并集、补集、差集）的应用。

（2）演示通过集合对象内置的方法实现集合运算。锻炼同学们通过 Python 解释器的智能提示功能识记集合运算方法。

（3）以“练一练”的题目进行课堂练习，锻炼通过集合运算解决实际问题的能力。

（4）进行集合运算的知识点总结，将集合同列表及元组进行类比，加深对集合的认识与理解。鼓励同学们大胆尝试，勤于思考，归纳总结无序数据和有序数据的本质区别。

7. 知识点五：集合的比较运算

（1）通过演示，厘清在集合相等判断过程中，并不考虑元素的先后顺序。

（2）通过编程实践，说明集合的大于、小于判断，其本质意义在于呈现集合间子集、真子集的关系。

8. 知识点六：集合元素的运算

（1）演示为集合添加元素的方法。

（2）通过对比实验，演示 remove( ) 和 discard( ) 两种方法在删除元素方面的不同。

（3）演示 pop( ) 方法在“弹出”集合元素时的随机性。

（4）演示 clear( ) 方法清空集合的操作效果。

（5）总结集合元素运算，并适当拓展，让学生认识 len( )、max( ) 等通用的内置函数同样适用于集合。

9. 知识点六：无序数据处理中集合运算的应用

（1）通过学生用书的编程实例，练习在数据动态管理中运用集合运算。

（2）通过“想一想”环节探讨在无序数据管理过程中，如何综合运用添加元素、删除元素以及集合的运算。

10. 本单元知识总结

小结本单元的内容，布置课后作业。

2.9 拓展练习

（1）编程创建一个集合，请用户输入一个正整数，然后创建一个从 0 到该正整数之间，并且不能被 2 或不能被 3 整除的数组成的集合，并输出该集合。程序运行情况如图 2-6 所示。

（2）现有两个集合 `a={1,3,4,5,9,7}`，`b={1,5,7,8,10}`，设计程序，若输入操作符 &、|、-，则实现集合 a、b 的交集、并集、差集，否则输出“请重新输入运算符”。程序运行情况如图 2-7 所示。

```
请输入一个正整数：20
{1, 5, 7, 11, 13, 17, 19}
```

图 2-6　生成特定的整数集合

```
请输入运算符（& | -):&
{1, 5, 7}
```

图 2-7　集合的运算

2.10 问题解答

【问题 2-1】 三个集合是相等的，因为在一个集合中，重复的元素值将被过滤，归并为一个元素，并且集合中元素是无序的，在创建过程中的元素先后顺序并没有意义，也不影响判断两个集合是否相等。

【问题 2-2】 对集合通过下标的方式获取元素值是错误的，这样操作将引起错误，错误信息为“`TypeError: 'set' object is not subscriptable`”，即集合是不支持索引的，因为其元素是没有顺序的。

【问题 2-3】 选 C。因为列表是可变对象，是不能作为集合的元素的。

【问题 2-4】 首先创建两个集合，例如，集合 s1 为朗诵小组，集合 s2 为跳绳小组。

（1）“既参加朗诵小组，又参加跳绳小组”的运算为交集运算，可以通过 s1&s2 或者 s1.intersection(s2) 完成运算，该运算后结果中自然归并了重复的同

学名单。

（2）“该班参加朗诵和跳绳比赛的同学名单”，可以通过 s1|s2 或者 s1.union(s2) 完成运算。

（3）“哪几位同学参加了朗诵比赛，但没有参加跳绳比赛”，可以通过 s1–s2 或者 s1.difference(s2) 完成运算。

（4）“哪几位同学参加了单项的比赛”，可以通过 s1^s2 或者 s1.symmetric_difference(s2) 完成运算。也可以引导学生拓展解题思路，例如，先求解并集，再减去两个集合的交集，也可以完成求解。

【想一想】 程序参考代码如下。

（1）输入一位同学的姓名，如果该同学在兴趣小组的集合中，就从集合中移除该同学，否则程序提示该同学不在集合中。参考代码如下。

```
hteam = {"杨帆","刘小帅","冯岳","李欣欣","张晓","李苗"}
t = input("请输入要删除的同学姓名：")
if t not in hteam:
    print(t,"同学不在航模小组中，不需要删除") #集合元素查重
else:
    hteam.remove(t)    #删除该同学
    print(t,"同学已经从航模小组中删除")
    print("小组现有成员有：",hteam)
```

（2）若通过 pop( ) 方法抽取 n 位同学参赛，参赛同学在比赛完毕要重新“归队”。

解题思路为：将 pop( ) 弹出的同学加入一个新的集合，待抽取完毕后再将这个集合与原集合合并。参考代码如下。

```
hteam = {"杨帆","刘小宇","冯岳","李欣欣","张晓","李苗"}
gteam = set()          #创建空集合，用于存放参赛名单
n = eval(input("请输入参赛学生人数:"))
if n > len(hteam):    #len()函数也可以求取集合的元素个数
    print("参赛同学数量多于兴趣小组人数，抽取失败")
else:
    for i in range(n):
        gteam.add(hteam.pop())
        #将 hteam 集合中的元素随机"弹出"，并加入 gteam 集合
```

```
    print(" 参赛队员有：",gteam)
print("{} 名同学参赛走后，小组剩余同学名单为 {}".format(n,hteam))
hteam |=gteam    # 参赛同学归队，集合合并更新
print(" 参赛同学归队后小组人员名单 {}".format(hteam))
```

2.11 第 2 单元习题答案

1. D　2. B　3. C　4. B　5. A　6. A　7. C　8. C　9. D　10. B

11. 编程题参考答案

```
s_rope={'李雪', '王红', '张大雷', '刘凤', '张海'}
s_swim={'李雪', '王雨琪', '张大雷', '何峰', '张海'}
s_jump={'王雨琪', '张大雷', '何峰','谭迪'}
print(" 共 有 {} 位 同 学 参 加 比 赛 ".format(len(s_rope|s_swim|s_jump)))
print(" 参加两项及两项以上比赛同学名单：")
for i in ((s_rope & s_swim)|(s_rope & s_jump)|(s_swim & s_jump)):
    print(i,end = ' ')
```

本单元资源下载可扫描下方二维码。

扩展资源

第3单元
字　典

3.1 知识点定位

青少年编程能力“Python 三级”核心知识点 3：字典类型。

3.2 能力要求

掌握并熟练编写带有字典类型的程序，具备处理键值对数据的能力。

3.3 建议教学时长

本单元建议 2 课时。

3.4 教学目标

1. 知识目标

本单元主要学习字典数据类型的特征，掌握字典类型的创建和字典基本运算，了解键值对数据特征以及数据处理过程。

2. 能力目标

通过对字典数据类型的学习及应用，掌握字典在描述具备多个特征对象中的优势。引领学习者认识键值对数据在生活中用于抽象数据的普遍意义，并能够恰当地运用字典对象支持的运算及方法，完成键值对数据的添加、遍历、视图访问、删除等操作及维护。

3. 素养目标

在以字典为代表的键值对数据的学习中，锻炼学生认识生活中的事物，抽象事物的特征，并且学会用简单二元关系来表示多维数据。培养学生用简单方法解决复杂问题的数据思维能力及素养。

3.5 知识结构

本单元知识结构如图 3-1 所示。

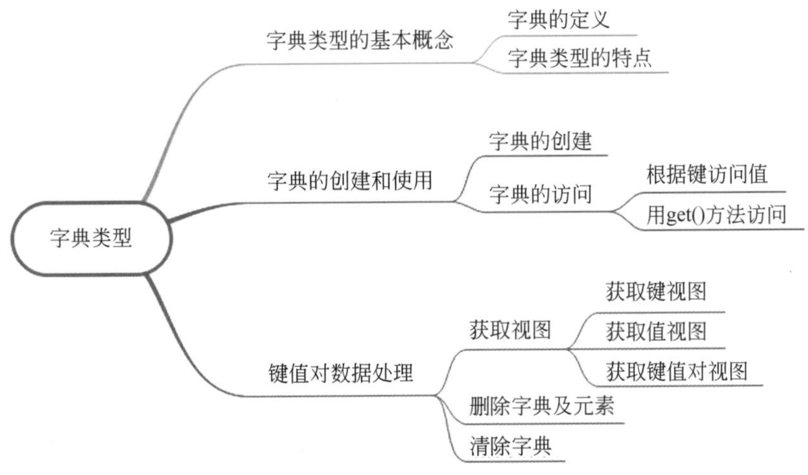

图 3-1　字典类型知识结构

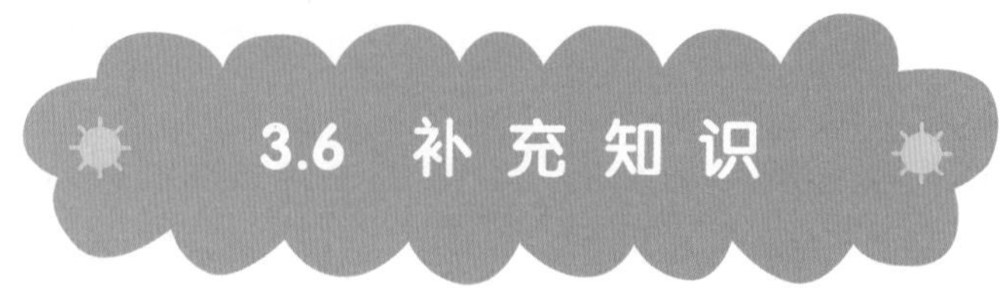

1. 字典创建的其他方式

除了直接创建法和通过 dict( ) 函数创建字典外，还可以通过如下方法创建字典。

（1）利用 zip( ) 函数创建字典。

zip( ) 能够将对象中对应的元素打包成一个个元组，然后返回由这些元组组成的对象。最后将这一对象作为 dict( ) 函数的参数，即实现了创建字典。例如：

```
kvs = zip([1,2,3],['a','b','c'])
d_demo = dict(kvs)
print(type(d_demo))
print(d_demo)
```

运行结果为：

```
<class 'dict'>
{1: 'a', 2: 'b', 3: 'c'}
```

再例如：

```
kvs = zip("Hello",[1,2,3,4,5])
d_demo = dict(kvs)
print(d_demo)
```

运行结果为：

```
{'H': 1, 'e': 2, 'l': 4, 'o': 5}
```

zip( ) 函数的实现原理如图 3-2 所示。

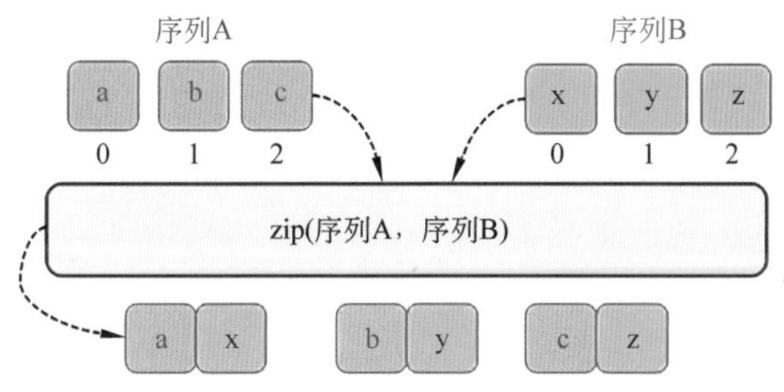

图 3-2 zip( ) 函数实现原理

（2）通过字典的推导式创建字典。利用推导式可以创建列表，同样的道理，如果字典的键和值能够同时用推导式表达，则也可以用推导式结合 dict( ) 函数创建字典。例如：

```
dic = {str(i):i*3 for i in range(5)}    # 利用推导式创建字典
print(dic)
```

运行结果为：

```
{'0': 0, '1': 3, '2': 6, '3': 9, '4': 12}
```

（3）用 dict.fromkeys() 方法创建字典，这种字典的创建方式常用于初始化字典，该方法需要两个参数，分别为可迭代的对象以及默认的值。例如：

```
dic = dict.fromkeys("SUN",5)
print(dic)
```

输出结果为：

```
{'S': 5, 'U': 5, 'N': 5}
```

字典创建拥有非常灵活的渠道，只要能够通过计算得到键值对的值，结合 dict( ) 函数都可以生成字典。在教学中，字典创建的基础方法和青少年编程等级三级要求仅限于学生用书中所述的方法，在教学中可以根据学生实际掌握情况适度扩展。

2. 字典的赋值、浅拷贝与深拷贝

字典是可变对象，其键值对元素可以进行增、删，键对应的值可以修改。复制也是字典运算中的常见操作。

对于不可变类型，在复制中常常通过最简单的赋值方式进行，如 x = y，但是对于字典、列表等可变的组合类型而言，dict2 = dict1 并不是真正意义上的复制，仅相当于给字典 dict1 一个新的引用名称 dict2。dict2 和 dict1 实际上引用的是同一个字典对象。

例如：

```
dic1 = {'A':12,'B':34}
dic2 = dic1
dic1['A'] = 80   # 修改 dic1 的键 'A' 对应的值
print(dic2)
print(id(dic1),id(dic2))
```

运行后会发现，字典 dic1 的改变直接导致了字典 dic2 的改变。dic1 和 dic2 的地址 ID 是完全一致的，二者是同一对象。

```
{'A': 80, 'B': 34}
2343533991232 2343533991232
```

而对于字典真正意义的复制，可以通过字典对象的方法 dictobj.copy( ) 和 copy 标准库的 copy.deepcopy( ) 函数实现。

字典对象的 copy( ) 方法又称为浅拷贝，这种复制只复制父对象，不会复制对象的内部的子对象。例如某一字典对象，它的一个键对应的值是另一个可变对象列表，这个列表就是字典对象的内部子对象，在浅拷贝中，子对象列表不会实现真正的复制，而是类似于赋值操作那样进行的是对象的引用。

深拷贝 (deepcopy) 则会完全复制字典的父对象及其子对象，复制完成后两个字典对象将成为完全独立的两个对象。

如下例：

```
import copy
dict1 = {'name': 'sunny', 'num': [1, 2, 3]}      # 字典创建
dict2 = dict1.copy( )                        # 浅拷贝，只深拷贝父级目录
dict3 = copy.deepcopy(dict1)
# 深拷贝，拷贝父级目录，子级目录全部拷贝（需导入 copy 模块）
dict1["name"] = "rainy"                                  # 修改父级
dict1["num"].append(5)                                   # 修改子级
print("更改后的原字典：", dict1)
```

```
print("浅拷贝：", dict2)
print("深拷贝：", dict3)
```

运行结果为：

```
更改后的原字典：{'name': 'rainy', 'num': [1, 2, 3, 5]}
浅拷贝：{'name': 'sunny', 'num': [1, 2, 3, 5]}
深拷贝：{'name': 'sunny', 'num': [1, 2, 3]}
```

可见，在浅拷贝中，若键对应的值为组合类型的子对象，则没有实现真正的复制，只有深拷贝才实现了复制以后，两个字典所有内容的完全独立。此知识点属于对字典、列表等组合类型的拓展，在青少年编程等级三级中不要求掌握，但学生在实际编程中若遇到此类困惑，可适度做出解答。

3. 字典对象的其他方法

《跟我学 Python 三级》教材中着重介绍了字典中键值的删除及清空的方法，字典对象还拥有其他方法，例如，setdefault( ) 方法，返回指定键对应的值或者添加新项目等，视实际编程需求，可适当补充。

4. 程序资源

为了激发学生的学习兴趣，本单元配套了省份简称 .py、用字典实现用户名密码验证等程序，供授课教师选择演示。

3.7 教学组织安排

教学环节	教学过程	建议课时
知识导入	通过“国家——名胜古迹”的连线互动，引发学生思考数据之间的关联——映射，进而导入键值对的概念。以身边的物品，如书本、水杯等为例，引导学生挖掘其具有的多种属性，用这样的方法，使学生了解键值对数据在描述事物属性中的作用，对字典类型建立直观的印象	1 课时

续表

教学环节	教学过程	建议课时
字典类型学习	通过学习，熟练掌握字典数据类型的语法结构，熟悉字典类型数据的特点： （1）字典是可变的数据类型； （2）字典以键值对为元素，其元素是无序的； （3）字典的键是唯一的，值可以重复； （4）字典中的键必须是不可变类型，如数字、字符串、元组等。字典中的值可以是不可变类型，也可以是列表等可变类型	
知识巩固	通过想一想、练一练，对字典类型的语法规则和特性进一步熟悉	
字典的创建与访问	演示字典创建的两种主要方法，一是由键值对直接创建，二是用 dict() 函数创建，函数创建中，又分为有参和无参的创建方式。 字典的访问，分为根据键访问值，以及用 get() 方法访问。get() 方法可以通过参数设置，为不存在的键返回指定的信息，而不引发系统错误	1 课时
键值对数据处理	练习获取字典信息的三种视图：dict_keys、dict_values、dict_items。练习字典键值对的增加、修改值、键值对的删除及字典的清除，并通过实例掌握上述处理方式的综合应用	
知识总结	回顾字典的创建、处理及应用，为掌握键值对、深入学习高维数据处理打下基础	

3.8 教学实施参考

1. 讨论式知识导入——映射

国家—首都、古诗—作者、电影—导演……生活中，许多数据之间都存在着对应的关系，被称为映射。另外，在一个具体的事物中可以提取几乎数不尽的属性及属性值，例如一只水杯，可以提取“材质：陶瓷”“产地：景德镇”“重

量：300g”“颜色：白色”等属性及属性值。映射的数据之间、某一具体对象的属性和属性值之间，都可以构成“键值对”，键值对是最简单的二元关系数据，但是却可以用来描述最为复杂的数据。

通过结合生活来认识映射数据，并亲自思考和讨论为某一事物建立尽量多的键值对，组成字典。以节气为例，二十四节气起源于黄河流域。远在春秋时代，我国古代先民就定出仲春、仲夏、仲秋和仲冬四个节气。公元前104年，由邓平等制定的《太初历》，正式把二十四节气定于历法，明确了二十四节气的天文位置。春分节气定于太阳黄经0°，之后沿黄经每运行15°所经历的时日称为“一个节气”。所以，节气与太阳的黄经度数之间就是一一对应的映射，如图3-3所示。

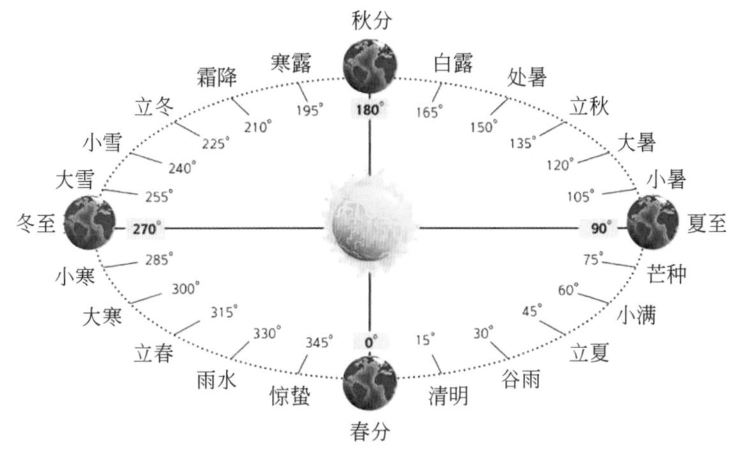

图3-3　节气与黄经度数之间的映射

2. 探讨和实践字典数据类型的特点

在直观认识字典数据类型的基础上，从合理性角度出发，理解字典数据类型的特性。例如，事物的属性是非常多的，从不同的应用角度可以提取不同的属性，所以字典类型是可变的，可以随时增加和删除其中的元素。属性即字典中的键是唯一的，因为同一事物具备两个完全相同的属性名称是不合理的，而属性值是可变的。

通过编程实践，以及利用试错法，来证实对字典特性的总结。

3. 在应用实践中掌握字典的键值对数据操作

结合学生用书中的案例，学习在诸多键值对中获取所需的信息，维护键值

对以及有效管理键值对数据。在上述操作中充分实践适合字典的运算以及字典对象自身的方法。

4. 知识点一：字典的认识和创建

（1）字典的两大类创建方法——直接创建和函数创建。

（2）字典数据类型对于键和值的规约（哪些类型可以作为键，哪些类型的数据可以作为值）。

（3）字典的可变性、键值对的无序性。

5. 知识点二：字典的访问

（1）字典的字符索引，按照指定的键访问对应的值，这类运算使得在字典中查询信息十分便捷。键和值的映射关系，可以实现“按图索骥”式的映射数据的查找。

（2）用 get( ) 方法访问，该方法允许使用两个参数，第一个参数是要访问的键，第二个参数为可选参数，可以设定若访问的键不存在于当前字典，则反馈出错信息。

（3）用循环遍历的方式访问字典中的键，以及键对应的值。

（4）为“想一想”环节编程实现循环遍历字典中的值。

6. 知识点三：字典的视图

（1）通过 d.keys( )、d.values( )、d.items( ) 三个方法获取字典的键、值、键值对视图，三种视图的返回值均为列表。

（2）对三种视图的返回值均可进行循环遍历。

（3）d.items( ) 返回的是键和值构成的元组，而若干个这样的元组又组成了一个列表。

7. 知识点四：键值对数据数据处理

（1）增加或者修改字典元素，直接在字典名后面加上键名作为索引修改字典元素，若键在字典中没有，则增加字典元素，否则修改指定键对应的值。

（2）del 删除字典指定的键值对。注意 del 是命令而非函数。

（3）pop( ) 用于删除指定键值对，其参数设置与 get( ) 方法一致；popitems( ) 则按照后进先出的原则和顺序删除键值对。

（4）clear( ) 方法用于将字典清空为空字典。

8. 单元总结

小结本单元的内容，布置课后作业。

3.9 拓展练习

（1）设有两个列表，分别存储唐代诗人和相应诗人的赞誉，poet =['李白','杜甫','王维','李贺','贺知章','孟浩然'],este =['诗仙','诗圣','诗佛','诗鬼','诗狂','诗隐']。编程将这两个列表合成一个字典，并得到如图 3-4 所示的输出。

```
字典为: {'李白': '诗仙', '杜甫': '诗圣', '王维': '诗佛', '李贺': '诗鬼', '贺知章': '诗狂', '孟浩然': '诗隐'}
==============================================================================================
诗人       赞誉
李白       诗仙
杜甫       诗圣
王维       诗佛
李贺       诗鬼
贺知章       诗狂
孟浩然       诗隐
```

图 3-4　字典的输出

（2）设字典如下：

```
d = {
"+" : num1+num2,
"-" : num1-num2,
"*" : num1*num2,
"/" : num1/num2,
}
```

请编程，输入两个数，以及操作符（+ – * /），实现对两个数的相应运算。程序执行情形如图 3-5 所示。

```
请输入第1个数：12
请输入第2个数：3
请输入运算符*
12 * 3 = 36
```

图 3-5　通过字典实现四则运算

3.10 问题解答

【问题 3-1】 字典不允许关键字重复，当关键字重复时，后出现的键值对将覆盖前面的键值对。

```
>>> print({'作者':'白居易','朝代':'唐','作者':'李白'})
{'作者': '李白', '朝代': '唐'}
```

【问题 3-2】 选 C。字典中的键具有唯一性而值可以重复；字典的键为不可变数据类型，列表不能作为字典的键；字典的键值对是无序的。

【问题 3-3】 通过循环的方式遍历字典，获得键的信息，将键的信息作为字典的键索引，就可以得到键对应的值的信息了。代码如下。

```
d ={'杭州':'西湖', '北京':'长城', '西安':'兵马俑'}
for i in d:
    print(d[i])
```

运行结果如下。

```
西湖
长城
兵马俑
```

【问题 3-4】

填写代码运行结果：

```
d = {1:'a',2:'b',3:'c'}
del d[1]
d[1] = 'x'
```

```
del d[2]
print(d)
```

执行过程：

（1）del d[1]，删除键值为 1 的键值对。

（2）d[1] = 'x'，在字典中添加“1:'x'”键值对。

（3）del d[2]，删除键值为 2 的键值对。

最后字典中剩余的键值对为 3: 'c', 1: 'x'。

运行结果为：

```
{3: 'c', 1: 'x'}
```

3.11　第 3 单元习题答案

1. C　2. A　3. C　4. A　5. C　6. B　7. D　8. D　9. D　10. B

11. 编程题参考答案：

```
dlog = {'user':'135aba','guest':'test001'}
for i in range(3):
    uname = input()
    psw = input()
    if uname in dlog.keys() and psw == dlog[uname]:
        print("登录成功")
        break
    else:
        print("登录失败")
```

本单元资源下载可扫描下方二维码。

扩展资源

第 4 单元
数据的维度

4.1　知识点定位

青少年编程能力“Python 三级”核心知识点 4：数据维度。

4.2　能力要求

理解并辨别数据维度，具备分析实际问题中数据维度的能力。

4.3　建议教学时长

本单元建议 1 课时。

4.4　教学目标

1. 知识目标

本单元在学生具备组合数据类型知识的基础上，确立数据维度的思维意识，能够根据数据的特征区分不同的数据维度，为下一步学习不同维度的数据处理奠定理论基础。

2. 能力目标

通过数据维度的学习，加深对数据的理解，培养辨别数据维度，在实际问题中运用数据维度思考问题、解决问题的能力。

3. 素养目标

培养从数据维度角度，分析数据、理解数据的能力，能够通过数据维度视角观察真实世界，利用数据的思维思考实际问题。为运用数据分析做出科学决策、基于批判性的眼光评价数据打牢基础。

4.5 知识结构

本单元知识结构如图 4-1 所示。

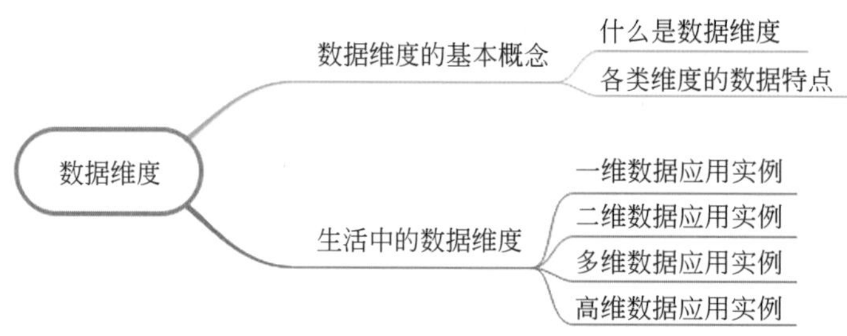

图 4-1　数据维度知识结构

4.6 课程补充知识点

1. 图像的维度

在 Python 中，图像数据通常是由多维数组表示的多维数据。前两维表示

了图像的高和宽，第三维表示图像的通道个数，如 RGB，第三个维度为 3，因为有三个通道，如图 4-2 所示。

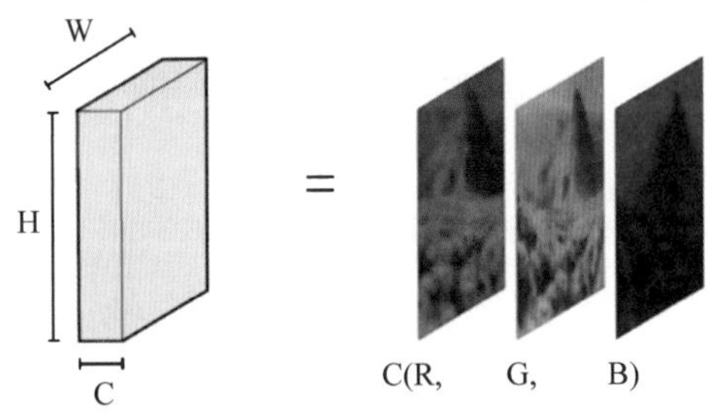

图 4-2 图像的多维数组表示

在学生用书中的图像数据呈现，是将颜色归一化为 0~255 的灰度，此时图像数据就降维为二维灰度像素矩阵了。

2. 多维数据和高维数据的区别

多维和高维的字面意义易于混淆。本书所述的多维数据，是由一维或二维数据在新维度上扩展形成的，例如，多个二维矩阵沿着时间维度的扩展。而高维数据特指利用二元关系展示数据间复杂结构的数据类型。换言之，多维数组是由数列、表格等构成的，而多维数据是由键值对构成的。

本书所述多维数据和高维数据的概念，与青少年编程能力等级中对数据维度的理解是一致的。多维数据示意如图 4-3 所示。

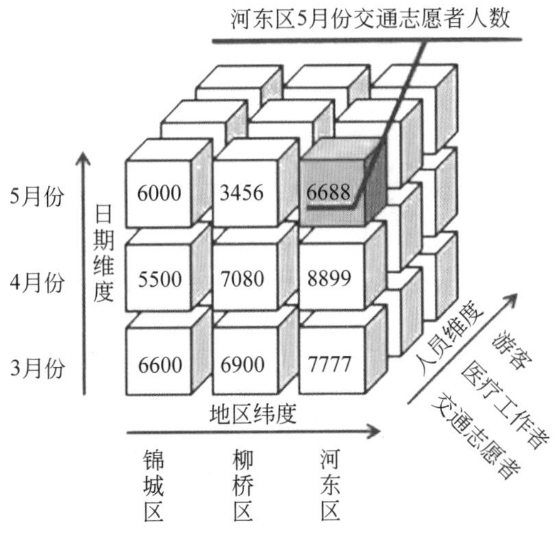

图 4-3 多维数据示意

3. 数据类型与数据维度

数据维度是对数据组织形式的抽象，而 Python 中的数据类型是具体的，不同类别的数据对象，各自拥有自身特有的属性、方法，支持各自适应的运算类别。数据维度与计算机编程语言无关，而数据类型是依赖于具体的计算机编程语言的，不同的语言中，数据类型的种类和运算规则是有所不同的。

数据维度与数据类型之间并不存在严格的对应关系，例如，Python 的字典数据类型适合表示多维数据，但并不意味字典数据类型就不能够表示一维、二维数据。在教学中有必要向学生说明此方面的问题。

4.7 教学组织安排

教学环节	教学过程	建议课时
知识导入	时空的维度是青少年科普类热点问题，课程从时空维度入手，将知识迁移到数据维度上。通过讨论和举例实证，使学生初步认识数据从组织形式上也可以划分维度，不同的维度，蕴含的数据含义有所不同	0.5 课时
数据维度学习	从数据入手，说明在信息系统中数据是信息的载体。一组数据存在不同的组织形式，不同组织形式使得数据可以蕴含不同的含义，这便是学习数据维度的意义： （1）一维数据的基本特征和适合的表示方式； （2）二维数据的基本特征和适合的表示方式； （3）多维数据的基本特征和适合的表示方式； （4）高维数据的基本特征和适合的表示方式	
知识回顾	通过练一练组织课堂交互环节，加深对各维度数据表示方法的认识	
生活中的数据维度	以具体的数据应用实例，让学生直观体会到数据维度在表示不同类别信息过程中的实际作用，为下一步学习不同维度数据处理做好准备。 鼓励学生仿照学生用书，发现更多生活中数据维度的实例，进行课堂交流，以加深对数据维度应用于解决生活中实际问题的印象	0.5 课时

续表

教学环节	教学过程	建议课时
知识总结	回顾本单元知识，总结一维、二维、多维、高维数据的特征，思考彼此的区别和联系	

4.8　教学实施参考

1. 通过时空维度话题，引入数据维度的概念

学生在数学课程中已经初步具备了空间几何的概念，由点、线、面扩展到立方体，就是从 0 维到三维的空间拓展。再结合科普知识、科幻电影、小说，引入多维时空的话题。进而引入在计算机世界，数据是承载信息的载体，越高的数据维度，所能蕴含的信息越丰富的观点，引入数据维度的概念。

2. 从单一数据到数据组的不同组织结构，逐渐拓展数据维度

引导学生思考在不同维度的数据组织中，数据与数据的关系。例如，在二维数据中，以一张二维表为例，探讨横向、纵向数据组所代表的含义，结合具体的应用，挖掘其能够实现的数据分析、统计的功能。

3. 联系实际、逐层深化对数据维度的认识

注重青少年编程教育的特点，尽量将抽象的数据维度与生活中的数据表示、数据应用结合起来，给学生直观的感受。通过生活中的数据应用实例，逐渐深化对数据维度的认识，进而根据数据维度的特征，将数据的表示与 Python 具体的数据类型相联系，逐步从概念到结构到实现方法，路径清晰地解决掌握各维度数据表示及在编程中应用的问题。

4. 知识点一：数据的维度

（1）不同于空间维度，数据的维度是数据的组织形式。

（2）不同的维度呈现的是数据所表达的不同含义。

（3）不同维度的数据相加减，往往是不具备应用价值的。

（4）在实际的数据表达中，除了维度，还要考虑数据有序或者无序，数据是否允许重复等特点，再考虑用合适的数据类型加以实现。

5. 知识点二：一维数据的关键特征

（1）数据之间是平等的关系。

（2）数据是沿着线性方向展开的。

（3）Python 中的列表和集合适合表示有序的及无序的一维数据。

6. 知识点三：二维数据的关键特征

（1）二维数据与二维表格在结构上的一致性。

（2）通常一行数据代表一个对象的各个属性值的整体（元组、记录），一列数据代表一组对象的某个共同的属性。

（3）二维数据与矩阵的共性结构。

（4）二维列表的实现方式。

7. 知识点四：多维数组的关键特征

（1）一维数据或者二维数据沿着某个维度的拓展。

（2）适合表示周期性的数据、历史数据、并列的同结构的数据。

8. 知识点五：高维数据的关键特征

（1）高维数据是描述对象复杂特征的数据组织，用二元结构数据加以表示。

（2）键值对的键和值分别对应对象的属性和属性值。

（3）通过讨论等环节，让学生了解客观世界，事物特征的多元化，即多维数据的存在是具有普遍性的。可以联系对某一大家感兴趣的事物进行特征的提取，制作知识小卡片等，加深对高维数据的理解。

9. 单元总结

总结本单元的内容，布置课后作业。

4.9 拓展练习

有表示两位同学跳绳成绩成长记录的折线图，如图 4-4 所示。请用合适维度的数据进行表示，并实现在 Python 中的输出。

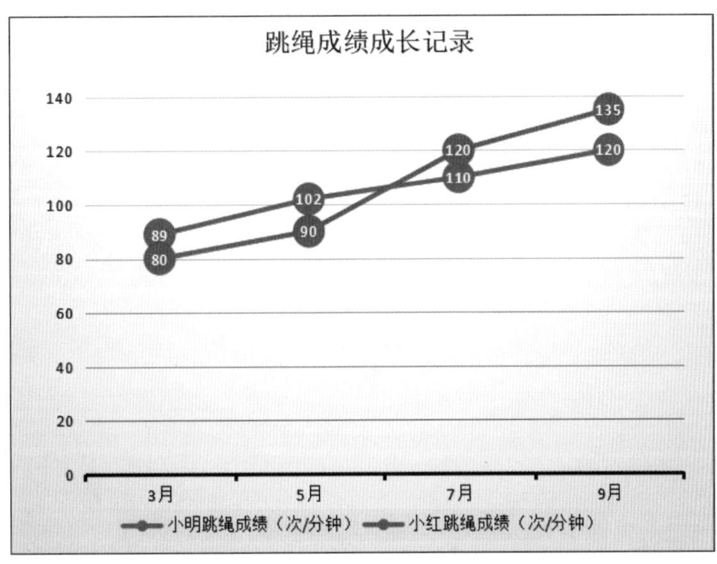

图 4-4　字典输出的数据示例

4.10 问题解答

【问题 4-1】 选 B。A 选项说一维数据只能用数列表示，不确切。能够表示某种维度数据的数据类型不是唯一的，一维数据只是代表数据之间是对等的关系，其他数据类型也可以用于表达一维数据，如集合等。C 选项对于多维数据描述不确切，一维数据或者二维数据沿某一维度扩展可以形成多维数据，而多维数据不是一维数据和二维数据相加的结果。D 选项说高维数据最适合用集合表示，是错误的。高维数据在表示时，最根本的特征是键值对的运用，而这

与字典类型最为契合。

【问题 4-2】 30 人的班级，每人 4 门课程的成绩虽然可以用一维数据的形式表示，但是一维数据的数据间关系是对等的，也就是 120 个数值之间关系是平等的，这对于表示某位同学的某门课程成绩而言，是很难查找、定位的，所以用一维数据表示并不合适。最适合的表示方式是通过二维数据来表示。

4.11 第 4 单元习题答案

1. D　2. C　3. B　4. D　5. A

本单元资源下载可扫描下方二维码。

扩展资源

第 5 单元
一维数据处理

5.1 知识点定位

青少年编程能力“Python 三级”核心知识点 5：一维数据处理。

5.2 能力要求

掌握并熟练编写使用一维数据的程序，具备解决一维数据处理问题的能力。

5.3 建议教学时长

本单元建议 2 课时。

5.4 教学目标

1. 知识目标

本单元学习一维数据的处理，掌握在 Python 中进行一维数据表示、存储和数据处理及应用的能力。

2. 能力目标

通过一维数据处理的学习，初步建立数据分析和处理的能力。掌握对数据

表示、存储、读写处理的主要步骤，结合 Python 编程中文件的读写方法，能够以永久存储的形式进行一维数据在解决实际问题中的应用。

3. 素养目标

通过一维数据的表示、存储与处理的编程能力培养，初步培养学生获取数据的意识、分析数据的能力和整合数据的思维。

本单元知识结构如图 5-1 所示。

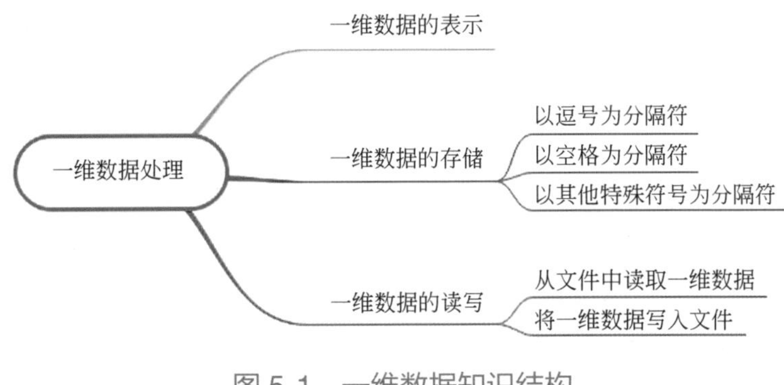

图 5-1　一维数据知识结构

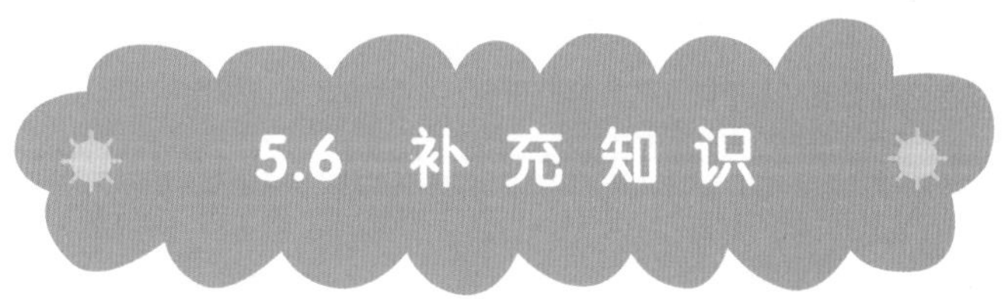

1. 一维数据的表示形式——序列

序列是一维数据的表示形式。一组对等关系的，有序或无序的数据，就构成了序列。序列采用线性方式组织，在 Python 中，有序的序列对应列表、元组、

字符串等类型，无序的序列对应集合、字典等类型。

生活中，具有一维数据特征的数据非常常见，例如，公交及地铁的线路图、各门功课的成绩、课外兴趣小组的成员名单等。一维数据还是我们日常归纳和统计的好帮手，例如，我国宋代著名文人苏轼，一生坎坷，先后在 15 个州县任职，留下了伟大的精神财富，供后人景仰。苏轼一生的行迹沉浮如图 5-2 所示。

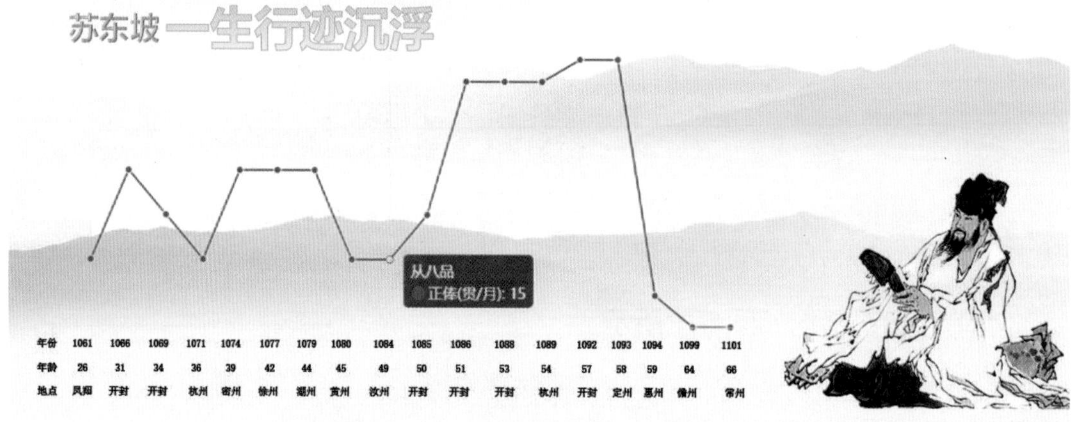

图 5-2　苏轼一生的行迹沉浮

在图中，以时间为线索，即沿着时间维度，就非常容易厘清苏轼一生的任职地点以及职位的起伏。这就是一维数据在知识凝练、信息表达中的重要作用。

 2. 序列的排序操作

序列，特别是列表，在一维数据表示中应用较为广泛。因此，在 Python 中运用有序序列的排序等操作所需的函数、方法，可以十分快捷地实现对一维数据的处理。下面简要列举两种序列的排序方法、函数。

1）内置函数 sorted( )

该函数用于对所有可迭代的对象进行排序操作，其基本格式为：

```
sorted(iterable, cmp=None, key=None, reverse=False)
```

其中，key 是用来进行比较的元素，只有一个参数，具体的参数取自于可迭代对象，指定可迭代对象中的一个元素来进行排序。reverse 代表排序规则，reverse = True 为降序，reverse = False 为升序（默认）。统一举例如下。

```
>>>a = [5,3,4,1,2]
>>> b = sorted(a)
>>> a                      #a 列表保持不变
[5, 3, 4, 1, 2]
>>> b                      #b 列表升序排列
[1, 2, 3, 4, 5]
>>> stus = [('章', '女', 15),('李', '男', 10),('赵','男',12)]
>>> sorted(stus, key=lambda s: s[2], reverse=True)
# 按年龄降序排列
[('章', '女', 15), ('赵', '男', 12), ('李', '男', 10)]
```

2）列表的方法 sort( )

列表的 sort( ) 方法是把列表按照升序或者降序（也允许有排序的 key 值）重新排列，改变原有的列表。例如：

```
>>> a = [1,4,3,2]
>>> a.sort(reverse = True)
>>> a
[4, 3, 2, 1]
```

3. 列表解析表达式

列表解析式，也叫列表推导式，是将一个可迭代对象（如列表）转换成另一个列表的工具。在转换过程中，可以指定元素必须符合某一条件，并按照指定的表达式进行转换，快速生成新的列表。

其语法的基本格式为：

[表达式 for 元素 in 可迭代对象 if 条件]

举例如下：

```
# 生成一个由 1~9 的平方数构成的列表
>>> print([i**2 for i in range(1,10)])
[1, 4, 9, 16, 25, 36, 49, 64, 81]
# 在 1~9 范围内生成一个由偶数构成的列表
>>> print([i for i in range(1,10) if i%2 == 0])
[2, 4, 6, 8]
```

4. 程序资源

本单元阐述一维数据的表示、存储和操作，与后续单元的二维数据、多维数据、高维数据关系密切。因此，在本单元中配套了一维数据读出 .py、一维数据写入 .py 等程序，供授课教师选择演示，以帮助学生弄清楚如图 5-3 所示的数据处理周期。

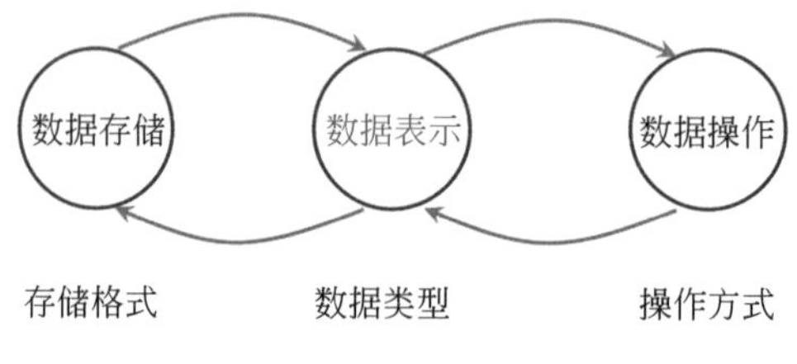

图 5-3　数据的处理周期

5.7　教学组织安排

教学环节	教学过程	建议课时
知识导入	在对数据维度的知识进行简单回顾以后，承上启下地引入关于数据处理的主要环节的介绍，使学生了解数据处理，主要考虑数据如何在 Python 程序中表示，以什么形式进行在计算内的存储，以及如何基于存储的数据进行读、写、统计、分析及计算	1 课时
一维数据的表示	分析一维数据的有序性和无序性，分别考虑用列表、集合进行数据的表示，当然如果数据是固定不变的，也可以使用元组表示。 通过课堂交互、代码演示等形式，对序列的统计、切片、遍历等常规运算进行复习巩固，对集合为代表的无序一维数据的运算也进行实践练习以复习巩固	
知识回顾	通过“练一练”环节的编程，巩固列表和集合的运算，熟悉一维数据的常见表示方法	

续表

教学环节	教学过程	建议课时
一维数据的存储	在实际编程处理一维数据之前，首先领会以下三点。 （1）列表和集合等只是适当的一维数据的表示方式，数据并没有被永久存储下来。 （2）要通过文件等永久存储的方式将数据存储下来，才有利于编程中多次读取和写入数据，以支持实际的应用。 （3）为方便在文件中读写数据，对于数据之间处于平等线性关系的一维数据，要用合适的符号进行数据之间的分隔，这样的符号一般使用英文的逗号、空格或者其他特殊的符号，要避免用于分隔符的符号在数据中出现	
一维数据的读取	从文件中读取一维数据，在读取中常运用以下编程知识。 （1）以固定编码格式打开文件。 （2）以特定的符号作为分隔符（依照文件内容的特点），将读取到的数据处理成为列表或者集合等	
一维数据的写入	将用列表或者集合等数据类型表示的一维数据写入指定的文件，写入中注意以下编程知识的运用。 （1）运用 `str.join(iterable)` 方法，用特定符号连接迭代的数据，形成字符串以便写入文件。 （2）`file.write( )` 方法仅支持字符串的写入，若一维数据存在其他类型数据，在写入时要注意转换成字符串。 （3）字符串的其他方法，可以帮助“清洗”和规格化处理要写入的字符串	1课时
编程实践	通过“想一想”“练一练”环节，对文件的读写、数据的处理等编程知识进行复习巩固和实践练习	
本单元知识总结	回顾一维数据的表示、存储和读写处理等知识	

5.8 教学实施参考

1. 通过复习，渐进引入一维数据处理问题

通过提问、讨论等形式，对前面学习过的数据维度的知识进行复习。引导

学生思考怎样将抽象的数据信息通过编程在计算机中进行表示、存储和处理。即通过 Python 编程来实现一维数据处理。

2. 根据需求分析数据的特点，为之选取合适的表示方式

例如，表示某位同学“语文、数学、体育”三门课程的成绩，这样的数据便具有先后严格的顺序，否者分数就有可能出现“张冠李戴”的对位错误。这样的数据适合用列表表示。而表达诸如公园中鸟类的种类、文具店卖出商品的类别等信息，就无须考虑先后顺序，可以用集合表示。

通过上述举例思考，让同学们树立需求分析的意识，用适合的数据类型表达不同特征的一维数据，并进一步思考不同数据类型所支持的方法、运算的不同之处。

3. 数据存储问题的考虑

一维数据只是一个简单的线性数列，关于它的存储可以用文本文件来实现。通过探讨，让学生领会临时存储和永久存储的区别。

在回顾文件读写方法的基础上，侧重注意文件读写过程中可能遇到的问题。

（1）文件的编码。

（2）读、写文件的路径表示方法。

（3）文件读、写过程中分隔符的设定。

4. 知识点一：一维数据的表示

（1）列表适合有序一维数据的表示。

（2）集合适于无序一维数据的表示。

（3）一维数据可以用更多数据类型来表示，例如，用字典、元组同样可以表示一维数据。

5. 知识点二：一维数据的读取

（1）可以从文件中读取一维数据，并根据需要将其转换为列表、集合等合适的数据类型。

（2）读取一维数据时须考虑分隔符，以利于正确地将读出的字符串转换为合适的数据类型。

6. 知识点三：一维数据的写入

（1）写入过程中同样要考虑数据间的分隔符设置。

（2）写入数据前注意数据类型的转换。

（3）列表等其他类型在写入之前转换成字符，但可能带有边界符号等，需考虑通过运算将其清洗、规格化处理。

（4）通过学生用书中的“想一想”“练一练”环节，锻炼学生对一维数据中处理相关环节操作方法的综合应用能力。

7. 单元总结

小结本单元的内容，布置课后作业。

5.9 拓展练习

已知苏轼出生在 1037 年，列表 `tsu=[('惠州',1094),('黄州',1079),('儋州',1097)]` 代表他去三地任职的地点及年份。请编程，得到如图 5-4 所示的输出结果。

```
42 岁:黄州
57 岁:惠州
60 岁:儋州
```

图 5-4　程序输出效果

5.10 问题解答

【问题 5-1】 古诗中生字表的生成属于无序的一维数据的表示及求解问题。解题思路为：

（1）生成古诗的集合，在集合生成中，可以利用集合数据类型的特性排除重复的汉字。

（2）为学生学习过的汉字建立一个生字排除集合。

（3）通过两个集合的差集计算，生成生字集合并输出。

当然如果需要写入文件之中，还可以通过读写文件的方式，将生字集合写入文件之中。“练一练”的参考代码如下。

```
t_words = set('咏柳碧玉妆成一树高万条垂下绿丝绦不知\
细叶谁裁出二月春风似剪刀')
t_exc =   set('柳玉成一树万下绿不叶出二月春风刀')
t_nwords = t_words - t_exc
print("古诗《咏柳》中的生字有：")
for i in t_nwords:
    print("{:3}".format(i),end="")
```

运行结果为：

```
古诗《咏柳》中的生字有：
碧 高 垂 妆  咏 绦 条 细 裁 知 丝 谁 剪 似
```

【问题 5-2】 如果文本中的数据有多行，将每一行信息都读取并处理成一个列表或者集合，应该如何编程实现?

该问题可以通过循环，逐行读取文件，然后将每一行文本数据均按照特定的分隔符进行列表化或者集合转换处理即可。以处理成列表为例，文件信息如图 5-5 所示。

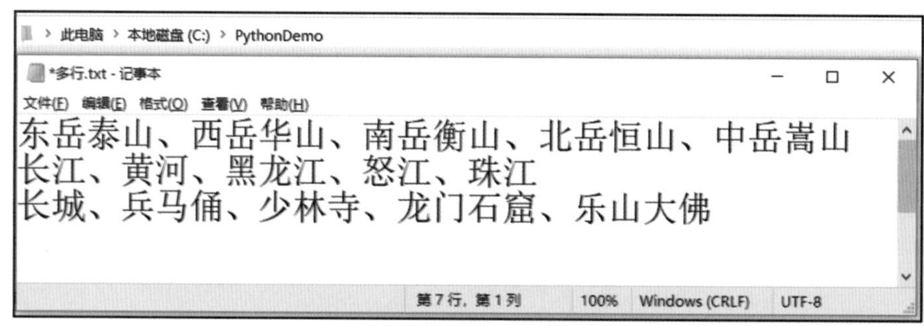

图 5-5　多行文本的文件信息

参考代码如下。

```
f = open('C:/PythonDemo/多行.txt','r',encoding='UTF-8')
i=1
line = f.readline( )
while line:
    tstr = str(line).strip("\n")   # 去除行字串中的"\n"换行符
```

```
tlst = tstr.split('、')  # 以'、'为分隔符，将字串 tstr 拆分为列表
print('第{}行列表:{}'.format(i,tlst))
i=i+1
line = f.readline( )
```

运行结果如下。

```
第1行列表:['东岳泰山', '西岳华山', '南岳衡山', '北岳恒山', '中岳嵩山']
第2行列表:['长江', '黄河', '黑龙江', '怒江', '珠江']
第3行列表:['长城', '兵马俑', '少林寺', '龙门石窟', '乐山大佛']
```

【问题 5-3】 程序代码的（1）处填写“split”，即以逗号为分隔符，将字符串转换为列表。（2）处填写“join”，即以 * 作为连接符号，将列表中各个元素连接成为字符串并最终写入文件。

5.11　第 5 单元习题答案

1. A　2. C　3. A　4. C　5. D　6. D　7. A　8. D

9. 编程题参考答案

```
cla_s=set(['小红','晓敏','小刚','小萌','小帅','小兵',
'大雷','大壮'])
act_s = set(['小萌','小兵','大壮','晓敏'])
ab_s = cla_s - act_s
f = open('abs.txt', 'w')
f.write(','.join(list(ab_s))) # 以逗号作为数据的分隔符
f.close( )
```

本单元资源下载可扫描下方二维码。

扩展资源

第 6 单元
二维数据处理

6.1　知识点定位

青少年编程能力“Python 三级”核心知识点 6：二维数据处理。

6.2　能力要求

掌握并熟练编写使用二维数据的程序，并能够理解和运用 CSV 文件存储和读写二维数据，具备利用二维数据处理、解决信息呈现、数据分析等实际问题的能力。

6.3　建议教学时长

本单元建议 2 课时。

6.4　教学目标

1. 知识目标

本单元主要学习二维数据的处理，重点掌握 CSV 文件类型，以及围绕 CSV 文件对二维数据的读取和写入。

2. 能力目标

通过对二维数据处理的学习及应用，掌握二维数据的表示、存储和处理。

学会使用 CSV 文件表示二维数据，具备创建、读、写 CSV 文件，并通过 CSV 文件加载和预处理二维数据的能力。

3. 素养目标

通过二维数据处理能力及CSV格式文件的学习,进一步深化学生数据思维,提高学生访问、转换和操作数据的能力，促进信息素养的提升。

6.5 知识结构

本单元知识结构如图 6-1 所示。

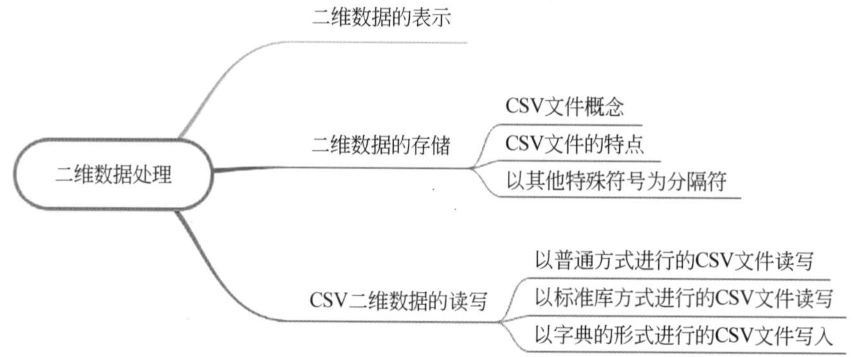

图 6-1　二维数据处理知识结构

6.6 补充知识

1. CSV 格式标准

CSV 是一种“古老”的数据传输格式，它并不是特指某种文件格式，而是泛指一类由记录构成的，且记录通过特定符号分隔成若干字段的纯文本文件。

早在互联网出现之前的单机时代，为了在不同的个人计算机、磁盘间交换数据，便出现了若干种用逗号 (,)、分号 (;) 等分隔的 CSV 格式，具体的编辑格式有赖于通信双方的一致约定。随着互联网时代的到来，CSV 逐渐成为不同网络系统、数据库之间信息传递的通用格式，因此，关于 CSV 的统一标准就如同网络协议一样，需要有一个严格而准确的限定。在 2005 年 10 月，CSV 格式标准以互联网工程任务组（IETF）发布的“请求注释文档”（RFC）形式得以发布。RFC 文档在互联网世界拥有重要的地位，几乎所有的互联网标准均以 RFC 文档的形式加以定义，RFC 文档是事实上的互联网国际标准。

对于 CSV 格式标准，RFC 官方文档索引为 RFC4180，本单元提供了该文档，可以在本书中扫码下载。标准概要如图 6-2 所示。

```
Network Working Group                                    Y. Shafranovich
Request for Comments: 4180                SolidMatrix Technologies, Inc.
Category: Informational                                     October 2005

   Common Format and MIME Type for Comma-Separated Values (CSV) Files

Status of This Memo

   This memo provides information for the Internet community.  It does
   not specify an Internet standard of any kind.  Distribution of this
   memo is unlimited.

Copyright Notice

   Copyright (C) The Internet Society (2005).

Abstract

   This RFC documents the format used for Comma-Separated Values (CSV)
   files and registers the associated MIME type "text/csv".
```

图 6-2　RFC4180 标准

2. CSV 文件与电子表格文件的区别

CSV 文件可以用电子表格类软件（如金山表格、Excel 等）打开查看，也能够用任何文本编辑器打开。CSV 文件与电子表格文件的不同点主要反映为以下几点。

（1）CSV 文件中的值没有类型，所有值都是字符串。

（2）CSV 不能指定字体、颜色等样式。

（3）CSV 文件不能指定单元格的宽高，不能合并单元格。

（4）CSV 文件中没有多个工作表。

（5）CSV 文件不能嵌入图像图表。

在 CSV 文件中，通常以逗号“,”作为分隔符，分隔两个单元格。如“A,C”表示单元格 A 和单元格 C 之间有个空白单元格。

 3. 精确读取 CSV 文件中的若干列

Python 提供的 CSV 标准库，使得在读、写 CSV 文件时可以屏蔽许多语法细节，令操作更加灵活。在编程中，可以根据实际需要，通过对列表的切片、对索引的判断等方法，灵活地获取或者写入部分信息。例如，对如图 6-3 所示的 CSV 文件，读取其中第一列和第四列信息。

	A	B	C	D	E
1	城市	人口（万）	面积（km²）	市花	平均海拔（m）
2	北京	2189.31	16410.54	月季	43.5
3	上海	2487.09	6340.5	白玉兰	2.19
4	杭州	1193.6	16850	桂花	41.7
5	拉萨	86.79	31662	格桑花	3650
6	昆明	695	21012.54	山茶花	1891
7	兰州	413.4	13100	玫瑰	1520
8	海口	287	3126.83	三角梅	14.1
9	南京	931.47	6587.02	梅花	8.9

图 6-3　CSV 文件信息

参考代码如下。

```
import csv
with open('c:/Cityinfo.csv','r') as csvfile:
    reader = csv.reader(csvfile)
    col = [(row[0],row[3]) for row in reader] # 遍历 reader 对象
    for fac in col:  # 遍历 col 数列，每个元素都是一个含有两列数据的元组
        print(fac)
```

上述代码运行以后，可以得到如图 6-4 所示的输出结果。

```
('城市', '市花')
('北京', '月季')
('上海', '白玉兰')
('杭州', '桂花')
('拉萨', '格桑花')
('昆明', '山茶花')
('兰州', '玫瑰')
('海口', '三角梅')
('南京', '梅花')
```

图 6-4　CSV 文件遍历的输出结果

通过 CSV 标准库处理 CSV 文件时，还可以借助其他内置函数，设置行索引值，然后就可以精确读取其中部分行的数据了。当然在其他第三方库中，也含有 CSV 文件读写的功能，例如，pandas 库中，可以直接通过参

数值指定读取的 CSV 文件的行数。

4. 程序资源

为了激发学生的学习兴趣，本单元配套了以字典形式读取 CSV.py、追加信息到 CSV.py 等程序，供授课教师选择演示。

6.7　教学组织安排

教学环节	教学过程	建议课时
知识导入	通过表格在数据统计中的实际应用为例，开展对二维数据的数据特征的讨论，探讨行与列在二维数据信息呈现中的意义，并与一维数据进行比较，从结构上确定用二维数列来表示二维数据	1 课时
二维数据表示方法	用实例结合编程实践，实现二维数据的表示。 （1）以二维列表为数据类型。 （2）用双重循环实现对二维列表中数据的遍历。 （3）二维列表的索引也分为两级，其索引排序规则同一维列表	
csv 文件介绍	csv 格式文件以纯文本形式存储表格数据，因为表格数据适于表示二维数据，因此 csv 文件也适合于表示二维数据。 总结 csv 格式文件的特点	
知识回顾	通过“练一练”环节，辨析及回顾 csv 文件的特点	
以普通文本的方式读、写 csv 文件	csv 文件中的每一行本质上都是文本，即用特定符号，一般是逗号隔开的字符串。 通过编程练习，以普通文本文件读、写的方式，分行处理字符串转换为列表、列表连接生成字符串的方法	1 课时
以标准库的方式读、写 csv 文件	通过与普通文本形式相对比，可以看出利用 csv 标准库提供的函数读、写 csv 文件的便捷性。 分别演示读取、写入、按照字典读取等典型操作过程	
知识总结	回顾各二维数据的表示、存储、基于 csv 文件读取写入二维数据的相关知识	

6.8　教学过程设计

讨论式知识导入

表格是同学们熟悉的数据统计工具，分析表格的结构（行优先、列优先均可）容易与分析二维数据的结构建立知识关联，引入二维数据的表示问题。结合一维数据用列表或元组等类型的表示，可以得出二维数据适于通过二维列表、二维元组等数据结构加以表示。

2. 在实践中学习 CSV 文件

CSV 文件可以直接通过电子表格软件，在保存时选择类型为 CSV 即可，让学生观察保存时，软件弹出的样式丢失的警告信息，让同学们领会 CSV 文件的纯文本的特征。

比较数据内容相同的电子表格文件和 CSV 文件，观察其文件大小的区别，以及两者在内容样式上的不同。

总结 CSV 文件的特点，并通过课堂练习题环节强化对本部分知识的记忆。

以对比的方式，认识采用 csv 标准库处理数据的优势

完成同样目标的程序，以纯文本读写 CSV 文件，要考虑去除分隔符、设置分隔符、列表转换字符串、字符串切割成为列表等诸多的处理细节，而 csv 标准库则通过函数屏蔽了这些细节，可以简单而快速地完成对二维数据的处理。

知识点一：二维列表的遍历

（1）通过双重循环访问二维列表。

（2）二维列表的索引规则与一维列表相同，分为正向索引和负向索引，可

以实现切片等操作。

5. 知识点二：CSV 文件

（1）其纯文本的特性。

（2）以特定的符号作为分隔符。

（3）可以用电子表格软件或者具备文本编辑功能的编辑器打开。

（4）既可以存储一维数据（一行），也可以存储二维数据（多行）。

6. 知识点三：CSV 文件的文本式读写

（1）CSV 文件是纯文本的，所以可以用文本文件的读写功能对其处理。

（2）文本文件的读写过程中要考虑去除分隔符，去除或者添加换行符号、字串转换为列表等细节操作。

7. 知识点四：csv 标准库的读取

（1）csv.reader( ) 函数，返回 reader 对象，该对象可遍历，每一行均为一个列表。

（2）csv.DicReader( ) 函数，返回 DictReader 对象，可以以键值对的方式读取数据。

8. 知识点五：csv 标准库的写入

（1）csv.writer( ) 函数，信息以列表的方式直接写入文件。

（2）writerow( ) 函数，单行写入函数，通常用于表头信息的写入。

（3）writerows( ) 函数，多行写入函数，通常用于二维数据（表格）除表头之外，内容信息的写入。

9. 知识总结

对本单元进行总结，并布置课后作业。

6.9 拓展练习

编程实现合并两个结构相同的 CSV 文档，数据合并实现过程如图 6-5 所示。

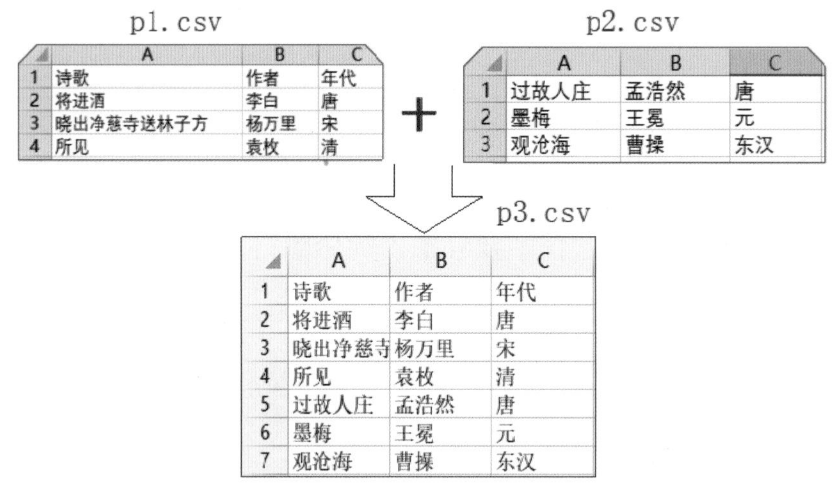

p1.csv

	A	B	C
1	诗歌	作者	年代
2	将进酒	李白	唐
3	晓出净慈寺送林子方	杨万里	宋
4	所见	袁枚	清

p2.csv

	A	B	C
1	过故人庄	孟浩然	唐
2	墨梅	王冕	元
3	观沧海	曹操	东汉

p3.csv

	A	B	C
1	诗歌	作者	年代
2	将进酒	李白	唐
3	晓出净慈寺	杨万里	宋
4	所见	袁枚	清
5	过故人庄	孟浩然	唐
6	墨梅	王冕	元
7	观沧海	曹操	东汉

图 6-5　CSV 文件合并过程示意

6.10 问题解答

【问题 6-1】 选 C。二维列表的索引规则与一维列表相同，即正向索引从 0 开始，负向索引从 –1 开始。

【问题 6-2】 选 C。在一个 CSV 文件中只能使用同一种编码来表示字符。

【问题 6-3】 将多个城市的基础数据追加入 CSV 文件，可以通过二维列表的方式，在二维列表中，每个元素（一维列表）均为一个城市的基础信息，然后通过循环遍历的方式将各个城市的信息转换为字串，追加进入 CSV 文件。参考代码如下。

```
f = open('c:/Cityinfo.csv','a')
ns = [['兰州','413.4','13100','玫瑰','1520'],
      ['海口','287','3126.83','三角梅','14.1'],
      ['南京','931.47','6587.02','梅花','8.9']
      ]
n = len(ns)
# 求二维列表的长度，即需要添加的城市信息（一位数组）数量
for i in range(n):
    f.write(",".join(ns[i])+"\n")
f.close( )
```

程序执行完毕，得到的结果如图 6-6 所示。

	A	B	C	D	E	F	G
1	城市	人口（万）	面积（km²）	市花	平均海拔（m）		
2	北京	2189.31	16410.54	月季	43.5		
3	上海	2487.09	6340.5	白玉兰	2.19		
4	杭州	1193.6	16850	桂花	41.7		
5	拉萨	86.79	31662	格桑花	3650		
6	昆明	695	21012.54	山茶花	1891		
7	兰州	413.4	13100	玫瑰	1520		
8	海口	287	3126.83	三角梅	14.1		
9	南京	931.47	6587.02	梅花	8.9		
10							

图 6-6　多个城市信息追加后的 CSV 文件

【问题 6-4】 CSV 标准库支持单行写入 writerow( ) 和多行写入 writerows( ) 两种方法，将一个二维表的表头和数据内容分别写入 CSV 文件，程序参考代码如下。

```
import csv
f = open('inven.csv','w'',newline='')  # 创建文件，赋予写入权限
t_header = ['发明名称','发明年份','发明人','国别']
t_con = [['纸张' ,105,'蔡伦','中国'],
    ['显微镜',1590,'扬森','荷兰']]
f1 = csv.writer(f)       # 用 csv.writer( ) 创建 CSV 文件对象
f1.writerow(t_header)   # 写入标题
```

```
f1.writerows(t_con)      # 写入内容
f.close( )
```

将表头和内容分开写入，使得二维数据结构更加清晰，更有利于对二维数据的添加、删除等维护工作。

6.11 第 6 单元习题答案

1. B　2. C　3. A　4. B　5. A　6. D　7. C　8. A

9. 编程题参考答案

```
import csv
f = open('score.csv','r',encoding = 'utf-8')
reader = csv.reader(f)   # 用 csv.reader() 创建对象
sc,n=0,0
for row in reader:              # 循环遍历 reader
    if row[1]=='女':
        sc = sc+eval(row[2])
        n=n+1
print("女生平均分为{:.2f}分".format(sc/n))
f.close()
```

本单元资源下载可扫描下方二维码。

扩展资源

第 7 单元
高维数据处理

7.1 知识点定位

青少年编程能力“Python 三级”核心知识点 7：高维数据处理。

7.2 能 力 要 求

掌握高维数据的表示、存储、处理及应用。能够编写通过 JSON 格式文件进行数据处理的程序，具备解决简单数据交换问题的能力。

7.3 建议教学时长

本单元建议 2 课时。

7.4 教 学 目 标

1. 知识目标

本单元主要学习高维数据的表示、存储和数据处理，掌握 JSON 格式文件的规则，通过标准库进行 JSON 文件编码及解码的过程。

2. 能力目标

通过本单元的学习，培养学生归纳对象复杂特征，并以键值的方式进行

表示，实现依据特征检索信息、进行统计分析与计算的能力。锻炼学生将多维数据编码为 JSON 文件，为网络数据交换及 Web 信息呈现做好必要的能力储备。

3. 素养目标

在高维复杂数据的表示、存储与处理方面，进一步提升数据加工能力，以及在 Web 等领域进行复杂结构数据交换的能力，以数据抽象、数据分析、数据表达等方面素养的提升促进综合信息素养的形成。

7.5 知识结构

本单元知识结构如图 7-1 所示。

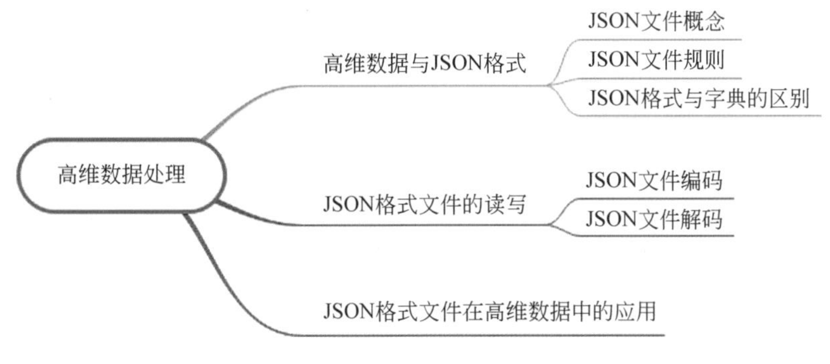

图 7-1　高维数据处理知识结构

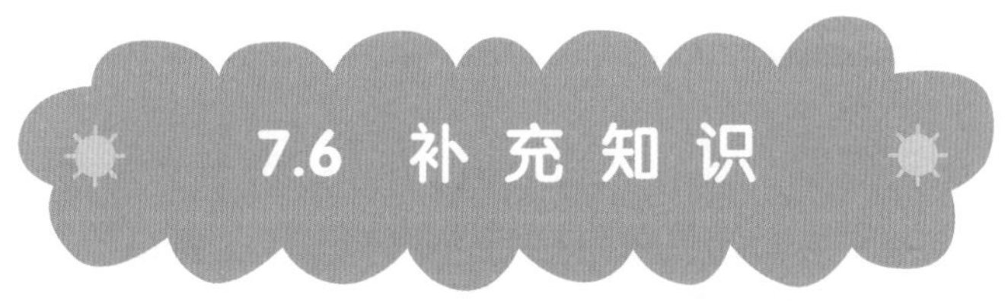

7.6 补充知识

1. 高维数据的表示方法

与一维数据用列表和元组等表示、二维数据用二维列表表示不同，高维

数据由于维度众多，在表示时不采用任何结构形式，而仅使用最基本的二元关系，即用一系列的键值对来表示数据。除了本单元主要介绍的 JSON 格式之外，XML、XMAL、HTML 等诸多格式均可表示高维数据。

在互联网世界，高维数据处理不仅要解决表示问题，还要考虑在不同系统间传输数据的问题，以及数据便于被机器阅读的问题。易于机器理解的数据格式，通常称为机器可读的 (machine readable)。JSON 与 XML 都是广泛应用于互联网世界的、机器可读性好的数据表示形式。例如，世界卫生组织官方网站就为人们提供了诸多的公共卫生高维数据，可以在网站上进行可视化数据呈现以及以 XML、JSON 等方式的数据下载。图 7-2 呈现了世界卫生组织对健康人群高维数据的展示。

图 7-2　健康人群高维数据

一组相同的数据，用 JSON 和 XML 表示的对比，如图 7-3 所示。

JSON

```
{
    "sites": [
    { "name":"百度" , "url":"www.baidu.com" },
    { "name":"搜狗" , "url":"www.sogou.com" }
    ]
}
```

XML

```
<sites>
  <site>
    <name>百度</name> <url>www.baidu.com</url>
  </site>
  <site>
    <name>搜狗</name> <url>www.sougou.com</url>
  </site>
</sites>
```

图 7-3　相同数据的 JSON 和 XML 表示

通过对比可见，JSON 是一种易于理解和阅读的轻量级数据交换格式。

2. CSV 文件转换为 JSON 文件

CSV 文件常用于存储一维或二维数据，而 JSON 文件常用于存储多维数据，但是在实际应用中，经常有将两者相互转换的需求。例如，某数据库管理系统支持将数据表以 CSV 的形式导出，但是在网络交换时却需要 JSON 格式。

二维表的表头信息和对应的同列单元格中的值可以看作键值对的关系，这为将 CSV 文件转换为 JSON 文件提供了基础。

如图 7-4 所示，这是一个 CSV 文件中的二维数据。

*poet.csv - 记事本

文件(F) 编辑(E) 格式(O) 查看(V) 帮助(H)

```
朝代,篇名,诗人
唐,静夜思,李白
宋,题西林壁,苏轼
明,石灰吟,于谦
唐,春晓,孟浩然
```

第 7 行，第 1 列　100%　Windows (CRLF)　ANSI

图 7-4　CSV 文件内容

现将图 7-4 的 CSV 文件转换为 JSON 格式，代码如下。

```
import json
with open("poet.csv", "r") as f:    # 用 with...as 格式打开文件
    ls = []
    for line in f:
        line = line.replace("\n","") # 去掉行末的换行符
        ls.append(line.split(','))   # 以 , 为分隔符，转换成列表

with open("poet.json", "w") as fj:
    for i in range(1,len(ls)):
        ls[i] = dict(zip(ls[0], ls[i]))
#zip() 用于组合两个列表，形成二元关系，由 dict() 转换为字典
    json.dump(ls[1:], fj, indent=4, ensure_ascii=False)
```

转换后的 JSON 文件内容如图 7-5 所示。

poet.json - 记事本

文件(F) 编辑(E) 格式(O) 查看(V) 帮助(H)

```
[
    {
        "朝代": "唐",
        "篇名": "静夜思",
        "诗人": "李白"
    },
    {
        "朝代": "宋",
        "篇名": "题西林壁",
        "诗人": "苏轼"
    },
    {
        "朝代": "明",
        "篇名": "石灰吟",
        "诗人": "于谦"
    },
    {
        "朝代": "唐",
        "篇名": "春晓",
        "诗人": "孟浩然"
    }
]
```

第 25 行，第 1 列　100%　Windows (CRLF)　ANSI

图 7-5　转换后的 JSON 文件内容

3. JSON 文件转换为 CSV 文件

JSON 文件转换成 CSV 文件，首先要从 JSON 的键值对中获取键的信息作为 CSV 二维数据的表头，然后将各个键值对中的值 (value) 作为需要写入的各行数据依次写入，形成 CSV 文件。

参考代码如下。

```
import json
with open("poet.json", "r") as f:
    ls = json.load(f)
    data = [ list(ls[0].keys()) ]
# 读取键列表，作为 CSV 的首行表头
    for item in ls:
        data.append(list(item.values()))
with open("poet_new.csv", "w") as fc:
    for item in data:
        fc.write(",".join(item) + "\n")
```

4. 程序资源

为了激发学生的学习兴趣，本单元配套了 json 转 xml.py、精确获取 json 中指定 key 的值 .py 等程序，供授课教师选择演示。

7.7 教学组织安排

教学环节	教学过程	建议课时
知识导入	在回顾键值对可以用于描述对象的多元特征的基础上，引入高维数据的一个重要的应用场景——Web，给学生展示丰富多彩的页面背后标签结构、数据分布的复杂性。通过应用场景引出 JSON 格式文件的话题，以应用引导学生学习高维数据处理的重要意义所在	1 课时

续表

教学环节	教学过程	建议课时
JSON格式学习	本单元的难点。JSON格式虽然类似于字典结构，核心是键值对，但是与字典在规则上存在着诸多不同。 通过讲解和演示，让学生理解JSON是独立于语言的，而字典是Python中的一种数据类型，这是两者不同的根本原因	
知识回顾	通过“练一练”等习题环节，与学生互动，进一步厘清JSON的编码规则以及JSON与字典的区别	
演示JSON在网站中的应用	以老师演示、同学互动的方式，在网页中找到JSON文件，并下载打开观察其内容，让学生直观感受JSON对于网络世界信息交换的重要意义	1课时
JSON的数据处理	以实践的形式分为编码和解码两部分，介绍利用json标准库函数进行编码和解码处理。 （1）注意编码中字符编码、排序等参数的讲解与验证。 （2）解码后对象类型以及遍历、转换的应用	
JSON数据的应用	（1）在理论部分讲解Web领域，让学生了解JSON在前端、后台、数据库之间数据转换中发挥的重要作用。 （2）在实践中演示通过JSON实现的小型信息系统的信息维护	
知识总结	回顾JSON数据格式以及JSON的编码、解码等重要知识	

7.8　教学实施参考

1. 讨论式知识导入

结合对键值对、字典的知识回顾，开门见山地引入Web世界，超文本标签的复杂性以及数据传输、共享过程中统一数据格式在数据传输和转换中的重要意义，让学生在了解应用场景的情况下快速进入高维数据重要的存储格式——JSON的学习之中。

2. 关于JSON规则的探讨

以现实生活中对象特征的抽取和描述为例，从若干个键值对组成一个对象、

若干个对象并列组成一个序列入手，逐级扩展形成了 JSON 格式的文件。理解和演示 JSON 的构成规则，通过与字典进行比较，强化对这一规则的理解和掌握。

通过“练一练”环节，抓好格式规则的细节，在后续 JSON 编码中可以用试错的方式再次强化对规则的理解。

3. 以应用突出高维数据处理的价值

高维数据在生活中用于刻画事物非常普遍，强调 JSON 在 Web 领域重要意义的同时，鉴于学生不具备 Web 基础知识，以小型的信息系统维护来体现多维数据的应用价值与意义，让学生在有获得感的前提下学好多维数据的处理。

4. 知识点一：JSON 文件格式

（1）键值对的构成规则。

（2）对象的构成规则。

（3）对象列表的构成规则。

5. 知识点二：JSON 文件与字典规则的区别

（1）键的数据类型与书写规则的区别。

（2）值的数据类型的区别。

（3）JSON 与字典在对语言依赖上的区别。

6. 知识点三：json 标准库的编码函数

（1）Python 数据类型编码为 JSON，函数的参数解析。

（2）编码并输出到文件中的函数。

7. 知识点四：json 标准库的解码函数

（1）将 JSON 格式字串解码为 Python 数据类型。

（2）从文件读入并解码的函数。

8. 单元总结

小结本单元的内容，布置课后作业。

7.9 拓展练习

如图 7-6 所示，请在此基础上补充代码，以得到如图 7-7 所示的输出结果。

```
import json
data=[
        {
                "name": "火星",
                "type": "行星"
        },
        {
                "name": "比邻星",
                "type": "恒星"
        },

        {
                "name": "土星",
                "type": "行星"
        },
        {
                "name": "月球",
                "type": "卫星"
        }
    ]
strj = json.dumps(data)
```

图 7-6　程序现有代码

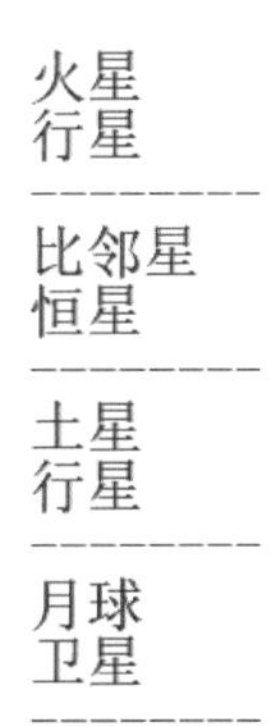

图 7-7　程序输出效果

7.10 问题解答

【问题 7-1】 A 选项错误，因为元组不能作为 JSON 数据格式中的键值对的值（Value）；B 选项正确；C 选项错误，因为在 JSON 数据格式规则中，键必须是字符串，不能是整数。

【问题 7-2】 输出结果为 [' 吉林 ', ' 长白山 ']

因为本程序先将由字典构成的列表用 dumps( ) 方法编码形成了 JSON 格式，之后又对 JSON 格式解码生成了字典列表格式。对列表中索引为 1 的，即第二个元素，即键值对为“省份 : 吉林”的字典求其 values 视图，并转换为列表输出。

7.11 第 7 单元习题答案

1. D　2. A　3. C　4. A　5. B　6. B　7. C

8. 编程题参考答案

```
import json
message = [{'user':'Tom'},{'Time':'8:00'},\
{'msg':'you are excellent!'}]
with open('wchart.json','w',encoding='utf-8') as jf:
    json.dump(message,jf)
```

本单元资源下载可扫描下方二维码。

扩展资源

第8单元
文本处理

8.1 知识点定位

青少年编程能力“Python 三级”核心知识点 8：文本处理。

8.2 能力要求

基本掌握编写文本处理的程序，具备解决基本文本查找和匹配问题的能力。

8.3 建议教学时长

本单元建议 4 课时。

8.4 教学目标

1. 知识目标

本单元主要学习正则表达式和模式匹配的原理和知识，学习 re 库的使用，掌握正则表达式的构造及基于模式匹配的文本处理。

2. 能力目标

通过对模式匹配和 re 库的应用总结，掌握正则表达式和 re 库的使用，锻

炼学习者从特殊到一般的信息归纳能力。

3. 素养目标

结合正则表达式的构造，初步培养选取合适正则表达式进行信息表达和处理的数据思维能力及素养，进一步提高学生的抽象思维能力及素养。

8.5 知识结构

本单元知识结构如图 8-1 所示。

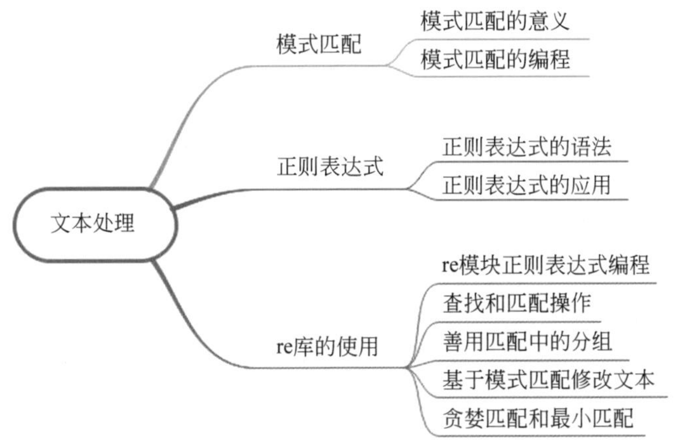

图 8-1　文本处理知识结构

8.6 补充知识

1. 正则表达式在文本处理中的作用

本质上说，正则表达式本身是一个字符串，但它和 str 编程时的常规的字

符串明显不同。str 作为一种特定的序列，由一个个字符组成，并且其中的每一个字都是一个字面量的字符。通俗地说，字符串中每一个元素就是一个字符而已。例如，"Are you there? Yes, I am." 中的每一个字母、空格和标点符号都是常规意义。而正则表达式中除了包括普通的字面量的字符外，更重要的特点在于引入了元字符。如果说 "Are you there? Yes, I am." 是一个正则表达式，那么其中的“?”不再表示问号，而是表示问号前的字母 e 在搜索过程中可有可无，而且其中的“.”不再表示一个句点，而是表示在搜索的时候，点号处可以是任意的一个字符。这里的“?”和“.”就称作元字符。可见，正则表达式的作用在于描述一种搜索模式。

如果是字符串，则字符串

A	r	e		y	o	u		t	h	e	r	e	?		Y	e	s	,		I		a	m	.

只能匹配

A	r	e		y	o	u		t	h	e	r	e	?		Y	e	s	,		I		a	m	.

如果是正则表达式，则正则表达式

A	r	e		y	o	u		t	h	e	r	e	?		Y	e	s	,		I		a	m	.

可以匹配字符串

A	r	e		y	o	u		t	h	e	r	e		Y	e	s	,		I		a	m	.

也可以匹配字符串

A	r	e		y	o	u		t	h	e	r		Y	e	s	,		I		a	m	!

但却不能匹配字符串

A	r	e		y	o	u		t	h	e	r	e	?		Y	e	s	,		I		a	m	.

通过运用正则表达式中的各种元字符以及相关的规则，能够描述非常巧妙或极其复杂的搜索模式，因此在文本处理的应用中，诸如“查找”“查找与替换”的功能中经常会需要使用正则表达式。又如一个程序要求输入的书号 ISBN 必须是 13 个数字，诸如此类的验证规则也是正则表达式的适用场合。在大数据时代，当想要从大量的文本中捕获具有某种模式特征的文本内容时，正则表达式可以说是不二之选。

2. 正则表达式既有标准也有“方言”

首先必须知道正则表达式并不是 Python 语言特有的编程能力。正则表达

式的概念早在 20 世纪 50 年代就开始出现，到了 20 世纪 80 年代，在 UNIX 系统的众多文本处理工具中就已经遍布正则表达式的身影了。正则表达式在 IEEE POSIX（可移植操作系统接口）中被予以标准化。当今的很多编程语言都支持正则表达式的编程。但不同的编程语言所实现的正则表达式，在总体遵循标准之外，也或多或少地有一些扩展或者缺失的特性，可能会在元字符以及匹配规则等方面有一些小的差异，从而形成了正则表达式的一些不同“方言”。教材结合 Python 方言介绍并测试各个案例。当然，针对本书的学习目标而言，大可以不必太在意这些方言的差异以及一些复杂特性的使用，本单元所涉及的内容通用性还是很广泛的。

3. 正则表达式的元字符

正则表达式的元字符及其说明如表 8-1 所示。

表 8-1　元字符及其说明

元　字　符	说　　明
.	匹配任意一个字符
\	可以用于转义，也可以用于表达字符组。 例如，\. 匹配一个句点，\d 匹配数字字符 0~9 中的任意字符
|	或运算。例如，Yes|No 既可以匹配 Yes，也可以匹配 No
?	匹配 0 次或 1 次，表示可选的。例如，colou?r 中的 u 可有可无
*	匹配 0 次到多次。例如，\d* 匹配 0 个数字或者连续的多个数字
+	匹配 1 次到多次。例如，\d+ 匹配 1 个数字或者连续的多个数字
[和]	定义一个字符组，相当于给出一个可以匹配的单字符的集合，在其中也允许使用 - 表示区间，或者在 [后紧跟 ^ 以表示排除。例如，[abc],[a-zA-Z],[^\d] 等
(和)	表示一个分组。例如，(\d{3})-(\d{8}) 不仅可以匹配 111-11111111，也方便按分组提取 111 或 11111111 的各个部分
{ 和 }	用于限定重复次数，有 {m}，{m, n}，{m,}，{,n} 等形式。 例如，\d{1,3} 匹配 1 个数字、2 个数字或者 3 个数字
^	指示匹配开始位置，可以是文本的开始或行的开始位置
$	指示匹配结尾位置，可以是文本的结尾或行的结尾位置

4. 搜索和匹配（search( ) 和 Match）

利用 re 模块进行正则表达式的编程，实际就是按照指定的模式串进行搜索，

得到并处理匹配对象。search( ) 操作可以用面向过程式或面向对象式的编程风格。也就是说，可以使用 re 模块的全局函数形式，或者使用一个模式对象的 search( ) 方法形式。格式如下。

```
re.search(pattern, string, flags=0) -> Match | None
Pattern.search(string[, pos[, endpos]]) -> Match | None
```

无论使用哪种风格调用 search( )，在搜索成功时，得到的结果都是 Match 对象。

作为一种动态类型的语言，re.search( ) 的参数 pattern 可以是字符串类型的模式串，也可以是一个模式对象。例如：

```
import re
PATTERN_STR = r'[lL]earn'
pattern = re.compile(PATTERN_STR)
s = 'Everyone should learn Python.'
print(re.search(PATTERN_STR, s))
print(re.search(pattern, s))
print(pattern.search(s))
```

从输出结果可以看出，不同的 search( ) 调用形式，结果是一样的。

```
<re.Match object; span=(16, 21), match='learn'>
<re.Match object; span=(16, 21), match='learn'>
<re.Match object; span=(16, 21), match='learn'>
```

可以用如下代码充分利用返回的 Match 对象的子串、主串以及匹配的位置等信息。

```
m = pattern.search(s)
if m:
    print("'{}' found in '{}', position: {} to {}".format(m.
group(), m.string, m.start(), m.end()))
```

输出结果如下。

```
'learn' found in 'Everyone should learn Python.', position:
16 to 21
```

5. 其他搜索函数

re 模块中除了 search( ) 函数外，还有 match( )、fullmatch( )、findall( ) 和 finditer( ) 等查找和匹配操作。这些函数的使用示例如下。

```
import re
PATTERN_STR = r'[lL]earn'
pattern = re.compile(PATTERN_STR)
s = 'Learn Python, learn programming.'
print(pattern.findall(s))
for i, match in enumerate(pattern.finditer(s)):
    print('第{}次匹配：{}，位置{}'.format(i + 1, match.group(), match.span()))
print(pattern.search(s))
print(pattern.match(s))
print(pattern.fullmatch(s))
```

从程序输出结果可以看出，findall( ) 以列表形式返回了所有匹配的子串，但不携带匹配位置信息。finditer( ) 则提供了可遍历的每一次匹配的结果，信息更加全面。

与前面两个函数返回所有匹配的子串或者所有的匹配不同，search( )、match( ) 和 fullmatch( ) 三个函数只返回第一次匹配的信息。而且 search( ) 只要在主串的任意位置找到匹配模式串的子串均算搜索成功，match( ) 则要求在主串的开始位置找到匹配模式串的子串才算搜索成功，fullmatch( ) 要求主串的整体完全匹配模式串。因此，输出以下三种不同的结果。

```
['Learn', 'learn']
第 1 次匹配：Learn，位置 (0, 5)
第 2 次匹配：learn，位置 (14, 19)
<re.Match object; span=(0, 5), match='Learn'>
<re.Match object; span=(0, 5), match='Learn'>
None
```

6. 正则表达式编译标志

编译标志可以影响和决定模式匹配引擎的工作方式。表 8-2 列出了几个比

较重要的编译标志。编译标志可以用 re.X 的形式（X 表示表 8-2 中列出的标志）表示一个特定的标志，也可以用 re.X | re.Y 的形式组合多个标志。

表 8-2　编译标志及其说明

标　　志	说　　明
ASCII（或 A）	使 \w，\b，\s，\d 等字符组简写式仅匹配 ASCII 字符
DOTALL（或 S）	使 . 匹配包括 \n（换行符）在内的任意字符
MULTILINE（或 M）	多行匹配，影响 ^ 和 $ 的意义。具体地说，^ 默认在整个字符串的开始位置匹配，$ 默认在整个字符串的结尾位置匹配（如果字符串最后是一个换行符，则 $ 指示的位置在这个换行符前，也就是说，认为 \n 在 $ 之后）。如果设置了 M 标志，则 ^ 和 $ 匹配每一行的开始和结尾
IGNORECASE（或 I）	按照大小写无关方式匹配。例如，在指定该标志时，模式串 ok 将会匹配 ok，OK，Ok，oK 四种任意的大小写形式

关于 MULTILINE 标志的使用可以尝试以下代码。

```
import re
s = '''111-11111111
222-22222222
'''
print(re.findall('(\d{3})-(\d{8})$', s))
```

输出结果如下：

```
[('222', '22222222')]
```

如果将上述代码的最后一句修改为

```
print(re.findall('(\d{3})-(\d{8})$', s, re.M))
```

则输出结果如下：

```
[('111', '11111111'), ('222', '22222222')]
```

下面的程序段展示了综合使用 MULTILINE 标志和 IGNORECASE 标志的效果。

```
import re
s = '''p1-p5
P6-P10
```

```
'''
print(re.findall('p\d+-p\d+$', s, re.M | re.I))
```

输出结果如下：

```
['p1-p5', 'P6-P10']
```

由此可见，既体现了大小写无关匹配规则，又体现了多行模式的匹配特点。

7. 正则表达式中的分组及其编程

正则表达式中分组的方式是使用一对括号，类似于数学或编程方面圆括号的运用，正则表达式中的括号能够让我们在正则表达式中所关心的一部分“子表达式”定义为一个分组。分组在需要提取匹配子串的一部分时或者基于模式匹配搜索结果进行替换时非常有用。

假定现有文本中给出了一些快捷键，例如：

```
Ctrl+Shift+Delete
Ctrl + C
F5
```

如果希望提取各个按键，应该观察这些快捷键可能是只有一个按键，也可能是两个按键或者三个按键组合的情况，并且多个按键用 + 号连接，正如上面的例子所示，由于录入习惯的影响，有时会出现按键文本前后的多余空白符。鉴于对搜索特点的理解，可以整理出如下正则表达式。

```
(\w+)\s*(\+\s*(\w+)\s*)?(\+\s*(\w+)\s*)?
```

其中有的分组是有意捕获子串部分的，如 (\w+)，而有的是为了服务于模式串的特征，如 (\+\s*(\w+)\s*)? 是为了说明第二个按键部分或者第三个按键部分是可选的。观察 (\w+) 中的左括号在正则表达式中的所有左括号中出现的次序，可以看出第 1 个分组、第 3 个分组和第 5 个分组。

```
import re
PATTERN_STR = r'(\w+)\s*(\+\s*(\w+)\s*)?(\+\s*(\w+)\s*)?'
pattern = re.compile(PATTERN_STR)
s = '''Ctrl+Shift+Delete
```

```
Ctrl + C
F5'''
for i, match in enumerate(pattern.finditer(s)):
    print([ key for key in match.groups( )[0::2] if key])
```

程序输出结果如下：

```
['Ctrl', 'Shift', 'Delete']
['Ctrl', 'C']
['F5']
```

可以看出，程序很好地从文本中提取了快捷键的按键个数以及各个按键。最后一句中的列表推导式起到了间隔获取分组内容以及过滤值为 None 的分组内容。

从上面的例子也可以看出，有的分组在编程时并不有意捕获分组内容（如上面例子中的第 2 个分组和第 4 个分组），实际上也可以使用不捕获的分组。格式上只需要把之前的括号分组形式“(...)”表达成“(?:...)”。以上面的例子来说，就是将

```
(\w+)\s*(\+\s*(\w+)\s*)?(\+\s*(\w+)\s*)?
```

替换成

```
(\w+)\s*(?:\+\s*(\w+)\s*)?(?:\+\s*(\w+)\s*)?
```

这样就可以在编程时直接使用 groups( ) 或者 group(1)、group(2) 和 group(3)，每个分组中都有期望捕获的值。

8. 基于模式匹配的替换

模式匹配不仅能用于“查找”，也能用于“查找和替换”。例如，某个 CSV 文件中包括以下一些日期数据：

```
2021年9月1日
2021/10/1
2021\11\01
```

其中的日期数据格式不统一，特别是有的日期数据并不符合标准的日期格式，可能会给后续 CSV 文件的利用带来不便，因此应该考虑替换和统一格式。

直接将“年”“月”“\”替换为“/”，但很难保证这种替换操作不会对文件中日期数据以外的数据产生错误的替换。因此，更合理的做法是利用模式匹配的方式找到这些日期数据并替换这些日期数据。

下面的程序演示了这种操作。

```
import re
PATTERN_STR = r'(\d{4}).(\d{1,2}).(\d{1,2})\w?'
pattern = re.compile(PATTERN_STR)
s = r'''2021 年 9 月 1 日
2021/10/1
2021\11\01'''

print(pattern.sub(r'\1/\2/\3', s))
```

sub( ) 函数的第一个参数实际上也是一个特别的模式串，表明了要将匹配的子串替换为匹配子串中的第 1 组，第 2 组和第 3 组用 / 分隔被替换的值。程序的输出结果如下：

```
2021/9/1
2021/10/1
2021/11/01
```

9. 正则表达式背后的计算机科学

正则表达式被认为是一项影响深远的伟大的计算机技术。从理论角度来看，处理正则表达式的引擎是一种抽象的机器——有穷自动机。有穷自动机具有有限可数的状态，并能根据一定的输入在不同状态间转换。

图 8-2 展示了一个拥有 q0 和 q1 状态的有穷自动机。其中，q0 是初始状态，q1 是接受状态。一个符号串是否匹配一个正则表达式，可以理解为在一个自动机上“运行”这个符号串。例如，在图 8-2 中的有穷自动机上运行 a4 这个串，状态变化过程是 q0 --a--> q1 --4--> q1，符号串 a4 处理完毕后，自动机处于接受状态，称 a4 是该自动机能够识别的串。请尝试书写和图示自动机对应的一个正则表达式。

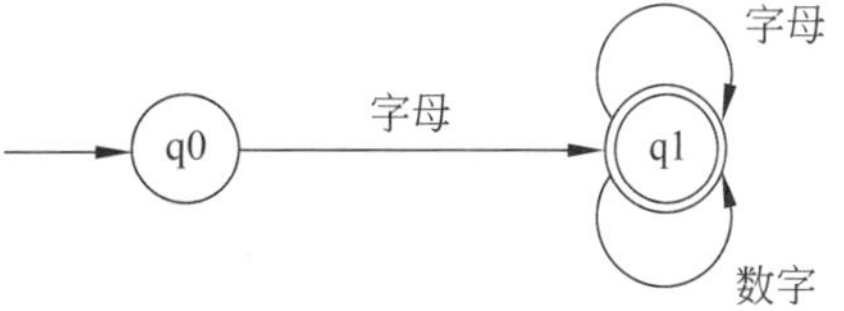

图 8-2　有穷自动机

10. str 和 bytes 模式

re 库支持 str 类型的模式串和 bytes 类型的模式串，例如：

```
>>> import re
>>> pb, ps = re.compile(b'\r\n'), re.compile(r'\r\n')
>>> s='line 1\r\nline 2\r\nline 3'
>>> ps.split(s)
['line 1', 'line 2', 'line 3']
>>> pb.split(s.encode( ))
[b'line 1', b'line 2', b'line 3']
>>> ps.split(s.encode( ))
Traceback (most recent call last):
  File "<pyshell#24>", line 1, in <module>
    ps.split(s.encode( ))
TypeError: cannot use a string pattern on a bytes-like object
```

其中，pb 是使用 bytes 构造的模式对象，ps 是使用 str 构造的模式对象，分别可用于 bytes 串和 str 串。但是 str 和 bytes 模式不能混合使用，str 模式串不能用于 bytes 串上的模式匹配。bytes 模式能够用于二进制内容（例如，从二进制文件中读取的内容）的搜索匹配。

11. 程序资源

为了激发学生的学习兴趣，本单元配套了学着找 Learn.py、编译标志 .py、解析快捷键 .py、规范化日期 .py 等程序，供授课教师选择演示。

教学环节	教学过程	建议课时
知识导入	通过已经具备的字符串知识基础，导入模式匹配的概念。引导学生思考文本的特征，进而迁移到模式串和具体文本的泛化关系	2 课时

续表

教学环节	教学过程	建议课时
正则表达式学习	依据学生较为熟悉的字符串的文本处理，总结性学习如下知识点。 （1）模式匹配是什么样的。 （2）正则表达式语法	
知识回顾	正则表达式的语法规则	
正则表达式的应用	介绍正则表达式的应用，并进行相关计算的课堂练习	
小节总结	回顾模式匹配的概念和正则表达式的语法，总结正则表达式的应用特点	
re 模块正则表达式编程基础	将正则表达式的掌握迁移为 Python 中的编程能力。学习如下知识点。 （1）正则表达式功能由 re 库提供。 （2）模块函数和模式对象两种编程方式。 （3）search( ) 为代表的正则表达式操作。 （4）认识和理解 Match 对象	
re 模块正则表达式编程细节	深入学习 re 库的编程细节，加深对正则表达式的理解。学习如下知识点。 （1）灵活多样的查找和匹配操作。 （2）善用匹配中的分组。 （3）基于模式匹配修改文本。 （4）贪婪和最小匹配	2 课时
课堂讨论	针对单行文本的有效性验证以及多行文本的查找匹配进行练习	
单元总结	回顾模式匹配和正则表达式的编程，总结模式匹配文本处理的应用特点	

8.8 教学实施参考

1. 讨论式知识导入

引导学生回顾 CSV 和 JSON 文件格式在数据组织上的结构化特点和优势，

思考文本文件（.txt）有没有结构特征及其文本处理。结合具体文本素材，讨论文本查找和替换的文本处理操作。

2. 关于正则表达式的探讨

以“If you do not learn to think when you are young，you may never learn. Learn young，learn fair.”文本内容为例，演示在文本中查找“you”以及将其替换成“I”的操作，展示常规查找和替换操作不满足期望的问题，引导学生思考模式匹配的必要性。

3. 在总结与归纳中认识模式匹配不同于传统的 str 文本处理

以知识回顾的形式，借由同学们已经掌握的 str 文本处理编程，以及对比 re 库编程，体会基于模式匹配的文本处理。

4. 知识点一：模式匹配

（1）在文本中搜索符合一定文本特征的子串，这种处理称为模式匹配。

（2）用正则表达式表示模式串。

（3）支撑模式匹配的程序代码和组件是模式匹配引擎。

（4）借助 re 库编程可以进行模式匹配的搜索等处理。

5. 知识点二：正则表达式语法

（1）演示普通字符和元字符在模式匹配中的规则差异，普通字母是单个字符的简单匹配，元字符有特殊的含义。

（2）演示使用元字符匹配字符组。字符组代表了可能的多个不同字符，可以使用 [...] 形式（类似于集合）、[^...] 形式（类似于补集），以及 \d、\D 简写形式等。正确理解点号的通配符作用以及模式匹配标志的影响。

（3）演示用“|”作子表达式或运算以及用括号形成分组，起到复合正则表达式的作用，即 e1 和 e2 是正则表达式，e1 | e2 以及（e1）也都是正则表达式。这样有助于基于简单的正则表达式构造更加复杂的正则表达式。

（4）演示限定重复匹配次数的量词的运用。主要有限定匹配 0 次到 1 次，

1 次到多次，0 次到多次，m 次到 n 次、n 次等限定的表达，有 ?、+、*、{m, n} 和 {n} 等不同形式。

（5）演示匹配位置的限定。主要强调 ^、$ 的意义和作用，匹配开始位置以及结束位置，\b 代表单词边界位置。

6. 知识点三：re 模块、模式串及模式对象

（1）简介 re 模块的导入以及 re 模块的作用。

（2）演示模块函数和模式对象两种编程方式，说明两者的异同点。模块函数以 re.xxx( ) 形式调用，可以接收模式串或模式对象作为代表一定模式特征的参数，也可以接收模式匹配选项以影响模式匹配操作的行为特征。模式对象由模式串经编译得到，构造模式对象时不仅需要提供模式串，还可以指定模式匹配选项。模式对象提供类似于 re 模块函数的相应方法。对于同一操作，模块函数和模式对象方法的参数略有差异，灵活性有一定差异。

（3）以 search( ) 为例演示正则表达式操作，体会模式匹配的文本搜索作用和特点。结合模式匹配概念，说明 search( ) 功能的行为以及返回类型。search( ) 操作的模式匹配可以受模式匹配标志的影响（例如是否区分大小写）。函数签名中的“-> Match | None”是遵循 PEP：Type Hints 的开发工具的提示，方便了解函数返回值类型，代表了 Optional[Match] 的类型提示，即返回 Match 对象或者什么都不返回。

（4）通过对返回 Match 对象的详细解释，加深对“匹配”内涵的理解。Match 代表了一次匹配，使用 Match 对象能够访问匹配的位置、范围以及匹配子串。

7. 知识点四：灵活多样的查找和匹配操作

（1）演示 search( )、match( )、fullmatch( ) 并引导对不同匹配位置和匹配程度的对比。三者都是在主串中查找匹配模式的子串，区别在于匹配位置的限定不同，实际上反映了不同的匹配规则。

（2）假设正则表达式中不包括 ^ 和 $，search( ) 不要求匹配位置，相当于常说的模糊匹配；match( ) 要求匹配发生在主串的最开始，相当于左匹配；而 fullmatch( ) 要求匹配的开始和结束位置就是主串的开始和结束位置，相当于完全匹配。搭配模式串中出现的 ^ 和 $，这三个函数在使用时一定程度上可以替换。

（3）演示 findall( ) 和 finditer( ) 访问匹配子串和匹配对象的差异，鼓励学生根据文本处理需要灵活选择适用操作。finditer( ) 返回迭代器，通过迭代器可以访问每一个匹配对象。findall( ) 只返回所有子串，并不返回匹配位置信息。

8. 知识点五：善用匹配中的分组

（1）演示匹配中分组的运用，并展示 Match 的 group( ) 方法的使用，将正则表达式语法和 re 库编程相互呼应，促进知识技能融会贯通。Match 对象也有 groups( ) 方法，以元组形式返回各个分组的内容。

（2）准确理解分组在正则表达式和 Match 对象编程上的关联，教材举例中的分组属于捕获分组（即正则表达式中的括号分组，对应于 Match 对象中的一个分组 group）的语法规则，Python 还支持不捕获的分组以及给分组命名等特性，感兴趣的读者可阅读官方文档。

9. 知识点六：基于模式匹配修改文本

（1）在增强的文本编辑器中演示基于模式匹配的查找替换。例如，把文本中的“第 1 部第 01 集”替换成“S1EP01”，演示基于模式匹配修改文本的作用，建立对这种文本处理的作用和能力的认识。

（2）演示基于模式匹配修改 (sub( ) 操作) 和分隔（split( ) 操作）文本，将不变性的查找匹配推广到可变地修改文本的处理操作。在 IDLE 中编程演示用 Pattern.sub( ) 替换匹配文本以及反向引用的特点，演示 split( ) 操作的作用。

（3）通过编程训练实现提高基于模式匹配修改文本的认知和编程能力。

 10. 知识点七：贪婪和最小匹配

演示贪婪匹配和最小匹配，拓展对匹配的进一步思考。

11. 本单元知识总结

小结本单元的内容，布置课后作业。

8.9 拓展练习

（1）编程检查给定的文件名是否符合“学号 - 姓名 - 序号”这样的格式要求，其中，学号是 12 位的数字字符，序号是 1 位的数字，并且用于分隔学号、姓名和序号的“-”符号允许被忽略不写，或者出现两个及多个。例如，“202112341234- 张三 -1”“202112345678 李四 2”和“202112344321-- 王五 ---3”都被视作符合命名规则。

提示：导入 re 库并使用 re 模块的 fullmatch( ) 函数进行完整匹配。具体使用的正则表达式为：

```
\d{12}-*\w*-*\d{1}
```

（2）在（1）题的基础上，要求将符合宽松格式要求的文件名都规范化为“学号 - 姓名 - 序号”格式的命名，其中，分隔学号、姓名和序号的“-”符号出现且仅出现一个。例如，自动把“202112345678 李四 2”替换为“202112345678-李四 -2”，把“202112344321-- 王五 ---3”替换为“202112344321- 王五 -3”。

提示：导入 re 库并使用 re 模块的 fullmatch( ) 函数进行完整匹配，在正则表达式中使用 ( ) 创建分组，并使用 sub( ) 函数进行替换。当然，也可以使用 groups( ) 或 group( ) 函数获取匹配的各部分并用“-”连接。具体使用的正则表达式为：

```
(\d{12})-*(.*)-*(\d)
```

8.10 问题解答

【问题 8-1】 C 和 D。因为中括号表达式表示字符组，式中有两个中括号表达式 [HM] 和 [ie]，分别匹配一个字符组中的任意字符。

【问题 8-2】 不正确。因为“I am”和“I’ m”两个文本串的共同特征是开始的 I 和末尾的 m 相同，但中间是“ a”或“’”。把中间部分的模式特征表达成 [' a]，忽视了字符组的概念，其实际含义是单引号、空格或 a 中的任意字符。

【问题 8-3】 不能。因为 [he|she] 虽然使用了 | 连接子表达式，但错误地使用了中括号表达式，导致 | 根本没有起到连接两个子表达式的作用，而仅仅是一个字符组中的一个字符。如果将中括号修改为小括号，则可正确连接两个子表达式。

【问题 8-4】 D。因为 D 选项全面地考虑到 0~100 的整数的习惯书写形式，其中两位数是非 0 字符开始的。

【问题 8-5】

（1）查找所有与人数相关的内容（提示：文本中用到人、万人两种单位）。

答案：\d+ 万？人

（2）查找所有百分比形式（例如 5.38%）的文本。

答案：\d+\.\d+%

（3）查找所有出现的年份。

答案：\d{4} 年

【问题 8-6】 程序参考代码如下。

（1）以编程的方式从该文件中提取出其中全部一百二十回的目录信息。

```
fo = open(r'红楼梦.txt')
s = fo.read( )
chapter_names = re.findall(r'第.*回\s.*$', hlm.s, re.M)
print(chapter_names)
```

（2）编写一个函数，从小说中提取任意一章的文字内容。

```
def get_chapter(text, chap):
matches = list(re.finditer(r'第.*回\s.*$', text, re.M))
if chap < len(matches):
return text[matches[chap-1].start( ):matches[chap].start( )]
```

8.11 第 8 单元习题答案

1. D　2. C　3. B　4. A　5. C　6. C　7. D　8. C　9. C

10. 参考编程题答案

```
import re
s = input( )
if re.fullmatch(r'0\d{2,3}-?\d{7,8}', s):
    print(' 座机号码 ')
elif re.fullmatch(r'1\d{10}', s):
    print(' 手机号码 ')
else:
print(' 非电话号码 ')
```

本单元资源下载可扫描下方二维码。

扩展资源

第 9 单元
HTML 数据

9.1 知识点定位

青少年编程能力“Python 三级”核心知识点 12：（基本）HTML 数据。

9.2 能 力 要 求

掌握 HTML 数据的基本处理方法，具备解决网页数据问题的能力。

9.3 建议教学时长

本单元建议 2 课时。

9.4 教 学 目 标

1. 知识目标

本单元主要学习 HTML 知识，掌握根据数据生成 HTML 文档的处理。

2. 能力目标

通过对 HTML 数据的操纵（模板化地生成 HTML 文档），进一步拓展关于

数据格式的认识，锻炼学习者从特殊到一般的信息归纳能力。

3. 素养目标

结合 HTML 的学习和使用，加强对技术标准的理解和掌握，提高遵循标准化的信息素养。

9.5 知识结构

本单元知识结构如图 9-1 所示。

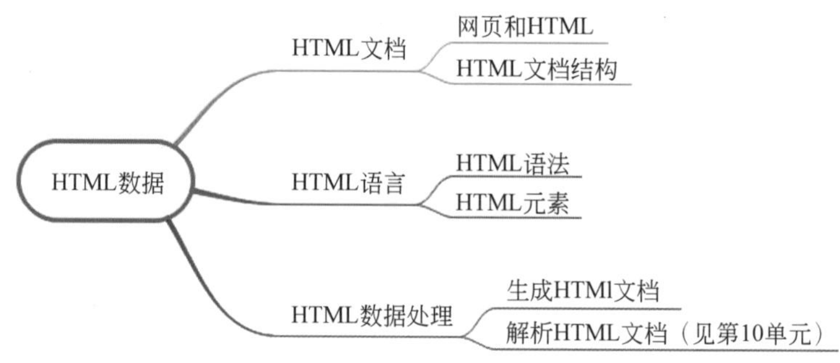

图 9-1　HTML 数据知识结构

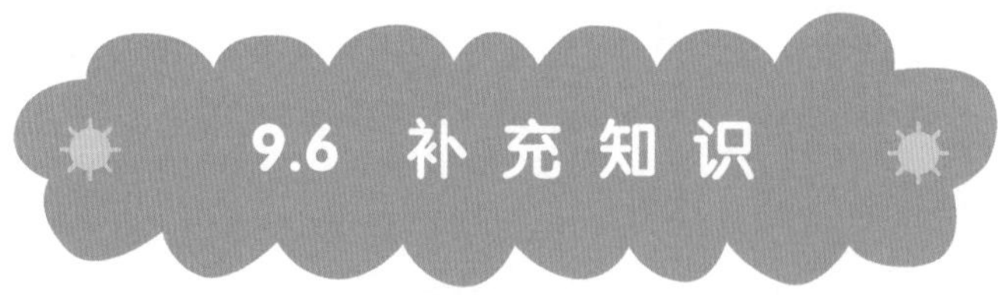

9.6 补充知识

1. 以 HTML 为核心的 Web 开发技术体系

HTML(Hyper Text Mark-up Language，超文本标记语言) 是用于描述网页文档的一种标记语言。HTML 主要描述网页的文档结构。目前的 Web 开发推荐将内容、外观和行为分离，因此产生了以 HTML 为核心，还包括 CSS、

JavaScript 等技术的技术体系。其中，CSS（层叠样式表）能够通过样式规则定义和应用控制 HTML 元素的外观；JavaScript 能够在浏览器中执行脚本，由脚本通过 DOM（文档对象模型）对网页中的元素进行编程控制，从而支持基于事件处理的动态交互以及动态调整网页的外观和内容等。

2. HTML 的意义和历史

HTML 是一种标记语言，它包括一系列标签，通过这些标签可以将网络上的文档格式统一。HTML 文本是由 HTML 命令组成的描述性文本，HTML 命令可以是说明文字、图形、动画、声音、表格、链接等。

HTML 是用来标记 Web 信息如何展示以及其他特性的一种语法规则，它最初于 1989 年由 CERN 的 Tim Berners-Lee 发明。图 9-2 就是 Tim Berners-Lee 和他的发明。

图 9-2　Web 技术的缔造者——图灵奖得主 Tim Berners-Lee

HTML 历史上有过多个版本。HTML 1.0 在 1993 年 6 月作为互联网工程工作小组 (IETF) 的工作草案发布。HTML 4.0 则于 1997 年 12 月 18 日成为 W3C 推荐标准。在经过长期的 HTML 4.0 和 HTML 4.01 后，HTML 技术厚积薄发，推出了 HTML 5，已经成为公认的下一代 Web 语言，极大地提升了 Web 在富媒体、富内容和富应用等方面的能力，被喻为终将改变移动互联网的重要推手。

3. HTML 和文档结构

一个网页就是一个 HTML 文档，这个文档使用 HTML 描述文档的结构以及其中的各个组成部分。下面的代码说明了一个网页的结构。

```
<!DOCTYPE html>
<html>
  <head>
    <meta charset="utf-8">
    <title>标题</title>
  </head>
  <body>
    <h1>网站正在建设中</h1>
    <img src="construction.jpg" alt="正在建设">
  </body>
</html>
```

一个 HTML 文档由大量元素组成，文档中的元素由标签界定元素的开始和结束位置。HTML 文档中包括大量的形如 <tag_name> 和 </tag_name> 形式的标签，分别称为开始标签和结束标签。例如，文档中的 <html> 和 </html> 分别指示了 html 元素的开始和结束位置。html 元素中又包括 head 元素和 body 元素。其中，head 元素代表了文档头部，包括字符集、标题等描述该文档的信息（称为元数据）；body 元素代表了文档主体，容纳了在浏览器中显示的内容。

元素是构成 HTML 文档的对象。标签用于表示定界元素，属性用于说明元素的特征。HTML 网页中可以包括哪些种类的元素，这些元素（标签）可以拥有哪些属性，都是由 HTML 相关标准定义的。一些具体的网页会根据实际的内容包括相应的元素。表 9-1 列出了一些常用的 HTML 元素。

表 9-1　常用 HTML 元素

元　素	描　述
<html>	表示一个 HTML 文档的根元素。所有其他元素必须是此元素的后代
<head>	规定文档相关的配置信息，包括文档的标题、引用的文档样式和脚本等
<meta>	表示不能由 base、link、script、style 或 title 等元素表示的元数据
<style>	包含文档的样式信息或者文档的部分内容
<title>	定义文档的标题，显示在 Browser 的标题栏或标签页上
<body>	表示文档的内容
<h1>~<h6>	标题元素呈现了 6 个不同级别的标题，<h1> 级别最高，<h6> 级别最低
<p>	表示文本的一个段落

续表

元　素	描　述
<img>	表示将图像嵌入文档
<a>	超链接，可链接到网页、文件、页面内位置、电子邮件地址或任何其他 URL
<table>	表示表格数据——即通过二维数据表表示的信息
<tr>	定义表格中的行。同一行可同时出现 td 和 th 元素
<td>	定义包含数据的表格单元格。<th> 元素的内容表示表格的标题行 / 列内容
<ul>	表示一个内部可含多个元素的无序列表或项目符号列表
<ol>	表示有序列表，通常渲染为一个带编号的列表
<li>	表示列表里的条目。通常包含在父元素 ul 或 ol 中
<div>	表示一个通用型的流内容容器，属于块元素
<span>	表示一个通用的行内容器，属于行内元素

想要学习更加全面的元素规范，可查阅 MDN Web Docs 等网站（https://developer.mozilla.org/zh-CN/docs/Web/HTML/Element）了解更多内容。

4. 服务器渲染的动态网站

HTML、CSS 和 JavaScript 是静态网页开发的基础技术，开发的网页内容固定。当然也有一个例外，使用 Ajax 技术（基于 JavaScript 的一项技术）动态请求 Web API 以及动态加载数据，仍然可以产生动态网页的体验。

动态网站是指网站的页面具有根据请求动态生成页面内容的特点，这类网站通常借助服务器端（也称后端）脚本语言的编程，解析 HTTP（超文本传输协议）请求，按照一定的运算逻辑，动态生成 HTML 文档。本单元学习的 HTML 数据处理也是生成 HTML 文档。不同之处在于，按照一定的规范把脚本语言编写的组件置于一个处理流中，就能够借助动态网站服务器的支持，进行 request 到 response 的变换，或者说根据 HTTP 请求携带的信息动态生成响应内容。

本单元虽然并没有以 Web 服务器或者基于 Web 对 HTML 文档的请求进行探讨，但是动态生成 HTML 的基础处理，和复杂的 Web 服务器是一致的。

5. 程序资源

本单元配套了网页示例 .html 等资源供授课教师选择演示，以提高学生的学习兴趣。

9.7 教学组织安排

教学环节	教学过程	建议课时
知识导入	通过浏览网页操作经验，结合“查看网页源代码”，引导学生观察和思考网页的本质内容，将视觉体验经验迁移到对 HTML 的认知	1 课时
总体认识 HTML 和文档结构	结合示例网页，总体认识 HTML 是网页开发的基本语言，是一种标记语言。学习 HTML 文档的特征	
HTML 语法	在初步认识 HTML 和 HTML 文档结构的基础上，补充介绍语法细节	
HTML 元素	在基本了解语法的基础上，重点介绍若干个常用的 HTML 标签	
小节总结	回顾 HTML 语法和常用标签的作用	
引出和分析格式转换问题	回顾 JSON 和 CSV 格式数据处理，提出将这些文件中的数据转换为 HTML 网页的需要和目标	1 课时
编程生成 HTML 文档	结合对 HTML 标签的掌握以及通过对网页模板的思考，使用 str.format( ) 的基本文本处理编程手段，生成 HTML 文档	
单元总结	回顾 HTML 的编程和 HTML 文档结构的设计及生成，总结 HTML 数据的应用特点	

9.8 教学实施参考

1. 讨论式知识导入

引导学生重新认识网页，通过将图文并茂的网页的源代码展示给学生，使学生认识到网页有其内部表示的格式和规则。

2. 关于网页到底是什么的探讨

通过让学生观察网页源代码特征，自主发现和思考 HTML 的结构和格式特征，引导学生对比 JSON 和 HTML 的差异和共性联系。

3. 在总结与归纳中认识 HTML 数据

以知识回顾的形式，利用同学们已经掌握的 CSV 表示二维表数据以及 JSON 表示高维数据，对比 HTML 数据，体会其格式特点并思考 HTML 数据处理。

4. 知识点一：HTML 和文档结构

（1）HTML 是超文本标记语言，是网页开发使用的语言。

（2）HTML 最新版本是 HTML 5。

（3）HTML 文档的结构以 HTML 为根元素，html 元素包括 head 和 body 元素，分别代表网页头部和主体，前者包含网页文档元数据，后者包含网页实际内容，元素可以进一步嵌套（元素嵌套标准细节遵循 HTML 规范）。

（4）通过文档对象模型（DOM）的树状结构加深对 HTML 文档结构的理解，增强对计算机科学中树状结构的体会和了解。

5. 知识点二：HTML 语法

（1）元素是构成 HTML 文档的对象。大部分元素以开始标签和结束标签配对形式体现，部分元素可以没有结束标签。开始标签和结束标签之间的部分称为元素的内容。

（2）标签表示定界元素，元素可以有开始标签和结束标签。HTML 5 要求较为宽松，允许结束标签在某些情况下被省略（但这会增加 HTML 文档解析的难度）。XHTML 是一种比 HTML 语法要求更严格的语言。

（3）属性说明元素的特征，在 HTML 文档中，属性位于开始标签中，以“属性名 = 属性值”形式出现。有的属性是通用的，例如，id 属性和 class 属性，这两个属性在使用 CSS 和 JavaScript 相关技术搭配开发网页时非常有用。不同的 HTML 标签一般都有各自独特的属性。

（4）大小写不敏感和字符实体引用等 HTML 语法细节。

6. 知识点三：HTML 元素

（1）介绍 HTML 常用标签元素。

（2）重点说明网页中的标题和段落、超链接、表格和列表相关标签。其中，<h1>~<h6> 标签定义不同级别的标题，<p> 标签定义段落，
 标签定义换行；<a> 标签定义超链接；<table> 标签定义表格，<tr> 标签定义表格行，<th> 和 <td> 定义表格表头单元格和一般单元格；<ul> 标签定义无序列表，<ol> 标签定义有序列表。

（3）如果需要更加生动丰富的网页，也可以展开介绍 <img> 及 <audio>、<video> 等多媒体标签。

7. 知识点四：编程生成 HTML 文档

（1）分析 Python 程序中的数据转换为网页的转换方案和编程技术，准备适当的 HTML 模板，向被标签所标记的 HTML 代码片段中填充数据（变量值）即可形成 HTML 文档。

（2）定义 gen_index_page( ) 函数，生成索引页。索引页作为顶级（第一级）页面，页面中要包括账户信息的列表并提供到每一个账户的独立账户信息页面的链接。设计用二维表格显示数据，因此要向生成页面文件 index.html 中写入 <html>、<table> 等标签内容，对每一个账户信息生成一个 <tr> 元素，账户号码、名称等信息作为 <td> 元素的内容。若对每一个账户信息提供显示文本为“详情”的超链接，还要生成 <a> 标签，<a> 标签元素作为 <td> 元素的子元素。

（3）定义 gen_account_page( ) 函数，生成一个账户的账户信息页面，将从 JSON 文件加载形成的 dict 对象中的账户信息填入这个页面。账户信息页面作为第二级页面，向上有返回账户列表（即索引页 index.html）的链接，向下有到账户每个月的通话记录页面的链接。

（4）定义 gen_call_log_page( ) 函数，生成一个账户在一个月份的通话记录页面。将从 CSV 文件中加载的通话记录填充到 <table> 元素中，每条通话记录填充一行（一个 <tr> 标签）。

（5）三个级别的页面相互有效链接，使得数据更容易浏览导航。

（6）案例中使用文件系统中的文件名作为账户的标识符或者确定通话记录的标识符，实际系统开发中大都借助数据库技术统一规范存储。从数据库中提取数据，填充到网页中形成 HTML 数据是动态网站的一种典型做法。

8. 本单元知识总结

小结本单元的内容，布置课后作业。

9.9 拓展练习

（1）编程创建一个字典，其中包括中国四大发明的信息。字典的 4 个字典项的键为四大发明的名称，映射到元组。元组是一个二元组。包括发明技术的描述文字，以及一个图片文件的名称。通过编程利用字典中的四大发明数据创建一个介绍四大发明的网页。

提示：字典的定义形式为：

inventions = {' 造纸术 ': (' 造纸术，是中国四大发明之一，发明于西汉时期、改进于东汉时期。', 'paper.jpg'),…}

生成的网页可以自由选择使用的 HTML 标签，例如，可以使用 <table>、<tr> 和 <td> 等创建一个表格，也可以选择使用 <ul> 和 <li> 创建一个无序列表等，生成具有特定标签的并且将字典中的数据填充到标签元素的内容中的网页。

（2）继续（1）题，如果要求（1）题所创建的网页中每项伟大发明的标题名称以及图片在单击时都能跳转到每项发明技术的百度百科页面，请完善程序，使得创建的网页支持这样的链接导航。

提示：字典数据中应该包括链接到的目标 URL，自行查看百度百科了解相应的 URL，给（1）题中作为字典数据的“值”的元组，增加一个 URL 成分。相应地，在创建的网页中，使用 <a href=… ><img …></a> 这样的标签元素，为网页中的图片等元素增加超链接。

9.10 问题解答

【问题 9-1】 B。HTML 文档的主体内容在 <body> 元素中，<head> 元素中保存该 HTML 文档的元数据，<head> 和 <body> 作为头部和主体，共同构

成 <html> 元素的内容，而 <p> 则代表文档中的一个段落。

【问题 9-2】 不正确。因为存在 <title> 标签的错误使用。<title> 属于 HTML 文档的元数据，表示文档的标准。如果要在网页主体中显示标题，应该使用 <h1>~<h6>6 个不同级别的标题标签。

9.11 第 9 单元习题答案

1. B　2. D　3. B　4. D　5. C

6. 参考编程题答案

```
import csv
from statistics import mode
with open('out.html', encoding="utf-8", mode="w") as htmlfile:
    htmlfile.write(r'<!doctype html><html><head><title>四季</title></head><body>')
    with open('in.csv', encoding='utf-8') as file:
        reader = csv.reader(file)
        for row in reader:
            print(row)
            htmlfile.write('<h1>{}</h1><p>{}</p>'.format(row[0], row[1]))
htmlfile.write('</body></html>')
```

本单元资源下载可扫描下方二维码。

扩展资源

第 10 单元
数 据 爬 取

10.1 知识点定位

青少年编程能力“Python 三级”核心知识点 9：数据爬取。

10.2 能力要求

掌握网络爬虫程序的基本编写方法，具备解决基本数据获取问题的能力。

10.3 建议教学时长

本单元建议 2 课时。

10.4 教学目标

1. 知识目标

本单元主要学习网络爬虫的原理和编程技术，掌握利用 Web 资源从网页和网站中爬取数据的方法和手段。

2. 能力目标

通过对 requests 库和 Beautiful Soup 库的应用总结，掌握 requests 库和

Beautiful Soup 库的使用，锻炼学习者对信息来源的分析、甄别及信息获取和技术综合运用能力。

3. 素养目标

结合对 Web（HTTP）的深入理解和获取网页以及解析 HTML 数据的实践，培养学生数据分析和利用数据的思维意识，提高学生发掘和处理数据的信息素养。

10.5 知识结构

本单元知识结构如图 10-1 所示。

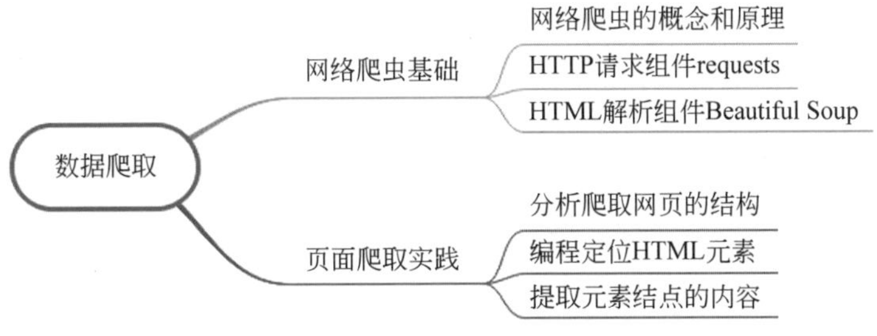

图 10-1　网络爬虫知识结构

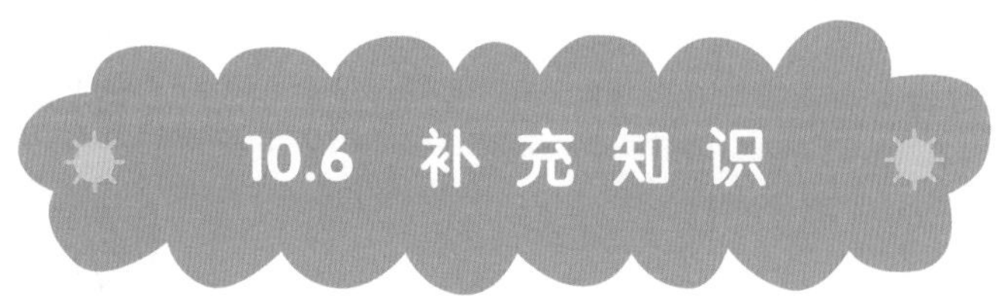

10.6 补充知识

1. 网络爬虫

网络爬虫（又称为网页蜘蛛），是一种按照一定的规则自动地抓取万维网

信息的程序或者脚本。网络爬虫按照系统结构和实现技术，被划分为通用网络爬虫、聚焦网络爬虫、增量式网络爬虫、深层网络爬虫。

传统爬虫从一个或若干初始网页的 URL 开始，获得初始网页上的 URL，在抓取网页的过程中，不断从当前页面上抽取新的 URL 放入队列，直到满足系统的一定停止条件。聚焦爬虫的工作流程较为复杂，需要根据一定的网页分析算法过滤与主题无关的链接，保留有用的链接，并将其放入等待抓取的 URL 队列。然后，它将根据一定的搜索策略从队列中选择下一步要抓取的网页 URL，并重复上述过程，直到达到系统的某一条件时停止。

实际的爬虫非常重视爬取 URL 的管理以及爬取页面的更全面的管理，也更加强调爬虫的通用性。根据教学定位，教材主要针对页面级爬取并适当介绍相关页面的网站内爬取，编程有更突出的定向性，不太强调爬虫的通用性。

爬虫的工作原理如图 10-2 所示，爬虫主要的工作包括两个方面：爬取页面以及解析数据。从一定意义上讲，爬虫和浏览器一样，被视作访问网站服务器的代理。浏览器强调通用的“浏览”功能，即根据用户请求或者超链接跳转等方式获取相应的页面，并通过渲染引擎将 HTML 文档在浏览器的视窗中展示为美观的视觉页面。浏览器起到衔接信息发布者和最终用户的作用。而爬虫则强调专用性，目的在于衔接不同的软件系统，通过爬虫程序的逻辑，在对信息发布者所发布的网页中的信息组织的充分理解基础上，自动获取网页，并对网页内容进行解析，解析的结果通常不是为了服务于即时的浏览器呈现，而是将提取的数据进一步结构化，以利于其他软件系统加以利用。

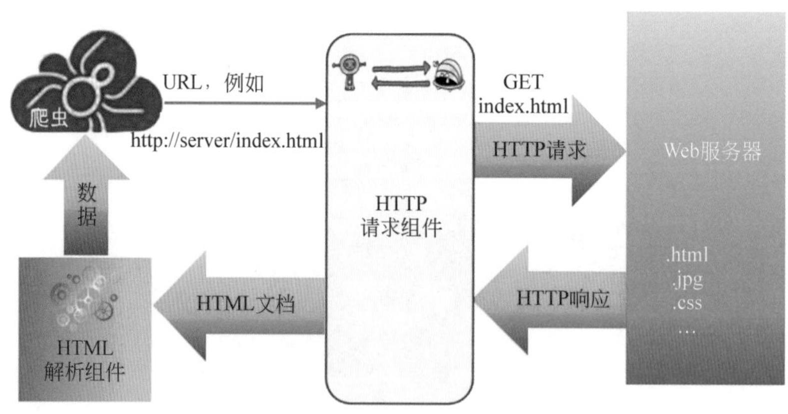

图 10-2　Web 爬虫的基本工作原理

作为爬虫程序设计者，需要理解爬虫程序和爬取目标服务器之间的通信机制（即 HTTP），也需要知道爬取的目标页面的 URL，以及爬取具体页面时要在 HTTP 请求中传递什么样的数据，网站服务器返回给爬虫程序的状态代码的

意义，以及 HTTP 响应内容的格式和构成等。对于返回 HTML 网页的情况，爬虫程序需要能够在理解网页结构的基础上，定位和选择感兴趣的 HTML 元素并获取元素中的数据。如果服务器返回的是 JSON 格式的响应内容，则可以利用单元 7 高维数据中的解析 JSON 文件方式编程。本单元介绍的是基于 HTML 页面返回的爬虫设计，从解析数据的角度来说，在一定意义上难度要大于 JSON 响应内容的解析。

2. robots 协议

robots 协议也称 robots.txt，是一种通常存放于网站根目录下的 ASCII 编码的文本文件，它通常告诉网络搜索引擎的漫游器（又称网络蜘蛛），此网站中的哪些内容是不应被搜索引擎的漫游器获取的，哪些是可以被爬虫所获取的。例如，https://www.baidu.com/robots.txt 就声明了百度网站对各种用户代理（浏览器或类似浏览器之类的能够以客户端身份访问 Web 服务器的程序，例如网络爬虫）的开放情况。因为一些系统中的 URL 是大小写敏感的，所以 robots.txt 的文件名应统一为小写。如果要单独定义访问子目录时的行为，可以将自定义的设置合并到根目录下的 robots.txt。

除了 robots.txt 外，还可以在网页中使用 robots 元数据，即 `<meta name="robots" content="…">`。

Python 还提供 urllib.robotparser 模块，方便检查特定的 URL 是否可以被网络爬虫访问以及访问的规则限制等。

网络爬虫，特别是商用的网络爬虫，要注意遵循网站定义的访问规则，不爬取不应访问的 URL，否则可能被网站以一定的技术手段禁止访问。利用网络爬虫进行非法营利的，还可能受到法律追究和惩处。

3. HTTP 请求方法和 requests 库中相关请求函数

HTTP 请求方法以 GET 和 POST 最为常用，典型地用于获取网页和提交表单数据的场合。此外，HTTP 标准还定义了 PUT、DELETE、HEAD、PATCH 和 OPTIONS 等请求方法。这些请求方法都代表了一定的意义，例如，PUT 代表在请求 URL 中存储指定的实体，DELETE 指定删除请求 URL 所指代的资源（当然，Web 服务器在收到这样的请求时，一定不会无条件地删除资源），它们提供了借助 HTTP 管理服务器端资源的一种通信协议标准，在 Web API 开发中被建议使用。HEAD 请求方法仅返回 HTTP 头部，而不返回 HTML 文档内

容，一个典型的作用是借助 HEAD 请求的响应中的时间信息来判断请求资源（如果一个网页）内容是否有更新。教材举例主要使用 get( ) 函数。借助直观的 requests 编程，也很容易发起其他方式的请求，使用和请求方法（小写的）同名的函数即可。例如以下程序，发起了几种不请求方法的 HTTP 请求。

```
r = requests.post('https://httpbin.org/post', data={'key': 'value'})
r = requests.put('https://httpbin.org/put', data={'key': 'value'})
r = requests.delete('https://httpbin.org/delete')
r = requests.head('https://httpbin.org/get')
r = requests.options('https://httpbin.org/get')
```

4. 在 HTTP 请求中传递参数或携带数据

从浏览器向服务器发起页面的 URL 请求时，经常还需要携带一定的参数信息。例如，要想访问百度搜索某个关键字的结果页面，就需要携带搜索的关键字。在 GET 方式请求中，使用 URL 携带参数（也就是说，参数会被拼接在 URL 中）；在 POST 方式请求中，在请求主体中携带数据（不改变 URL）。

用 get( ) 函数请求时，可以使用 params 参数，以字典对象传入参数。例如：

```
r = requests.get('https://www.baidu.com/s',
params={'wd': 'HTML'})
```

字典中的指定键名 'wd' 是百度搜索页面要求的参数名称，而值 'HTML' 是搜索的关键字。参数拼接在 URL 中，可以通过 r.url 查看。

```
>>> r.url
'https://www.baidu.com/s?wd=HTML'
```

其中，URL 末尾的问号表示后续跟上 URL 中的参数，这一部分称为查询字符串(Query String)。如果以 post( ) 函数请求，则用 data 参数指定携带的数据。

```
r = requests.post('https://www.baidu.com/s',
data={'wd': 'HTML'})
```

5. 解析网页的 Beautiful Soup

在 Python 的编程库中，用于解析网页的解析器非常多，如 Beautiful Soup 和 pyquery 等，甚至是直接使用更加底层的 lxml 解析器。严格地说，Beautiful Soup 和 pyquery 不是解析器，而是建立在底层解析器上的 HTML/XML 文档访问库，这些库的主要作用在于能够更方便地访问文档的元素。Beautiful Soup 的重要作用在于提供更加便捷的方式，在解析 HTML 文档得到的解析树中进行定位和导航，甚至是修改解析树。利用 requests 所获取的网页内容（常使用 Response.text 属性值）构造 BeautifulSoup 对象，再在 BeautifulSoup 对象上进行解析树上的结点定位导航，并从所定位到的结点中提取有用信息。可以把这样的操作看成第 9 单元——HTML 数据的逆操作。第 9 单元类似于 format( ) 把数据格式化成遵循 HTML 的 HTML 文档，第 10 单元则按照对格式的理解从网页数据中剥离标签，从 HTML 格式数据中解析出期望的数据。下面的示例展示了 BeautifulSoup 对象的构造及其导航操作，以及通过对元素属性的访问达到提取数据的目的。

```
>>> import requests
>>> from bs4 import BeautifulSoup
>>> r = requests.get('https://www.baidu.com')
>>> r.encoding='utf-8'
>>> soup = BeautifulSoup(r.text)
>>> print(soup.title, soup.head.title, sep='\n')
<title>百度一下，你就知道</title>
<title>百度一下，你就知道</title>
>>> print(soup.title.text)
百度一下，你就知道
```

6. Beautiful Soup 的导航

Beautiful Soup 的导航功能以及相关术语，均以 HTML 文档的 DOM（文档对象模型）为基础。例如，一个 HTML 文档的结构如图 10-3 所示。从 HTML 文档的角度出发可以称为 DOM，从 Beautiful Soup 的视角出发可以称为解析树，两者基本是一致的。

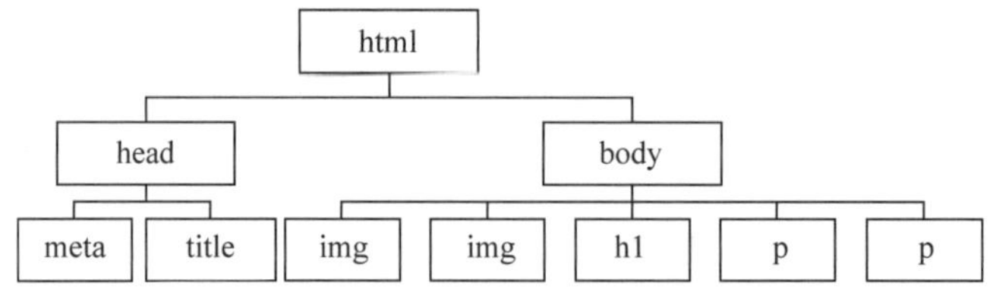

图 10-3　某 HTML 文档的解析树

使用 Reponse.text 构造的 BeautifulSoup 对象（假定对象保存在变量 soup 中），对应于完整的 HTML 文档。soup.title，soup.head.title 都可以在文档中定位到图 10-3 中的 title 元素。也就是说，soup 对象能够自动沿解析树的层次向下在子树中导航和定位特定的元素。除了这种自动向下寻找的能力外，也可以通过 parent 属性访问一个结点元素的父结点元素，例如，soup.title.parent 访问的是图中的 head 元素，而 soup.parent 则没有值，因为 soup 已经代表了整体文档，没有父结点的概念。此外，还有横向的导航，横向上支持导航的结点间关系称为兄弟结点（sibling）。值得注意的是，图中 meta 和 title 元素是存在兄弟结点的关系，但是 title 和 img 则没有这样的关系，因为两者并没有共同的父结点。previous_sibling 和 next_sibling 分别用于访问当前结点的前一个兄弟结点或者后一个兄弟结点。在进行横向导航访问时，图中展示的结点都是有标签名称的结点，但实际上一个网页文档构造的解析树中可能含有文本结点，在解析时一定要注意检查和核实一个结点的前后兄弟结点是否是预期的标签结点。

7. 考虑使用 CSS 选择器

就像使用了 re 模块可以使用正则表达式来描述搜索的特点一样，也可以使用 CSS 选择器来描述期望选择的 HTML 元素。CSS 技术是 HTML 技术不断发展中，将外观控制分离出来的技术。CSS 称为层叠样式表，其中的重点在于定义 CSS 规则，以说明为哪些 HTML 元素施加何种样式设置。

如图 10-4 所示，CSS 规则中包括 CSS 选择器和声明，选择器用于在 HTML 文档中查询特定的元素。CSS 选择器的表达能力非常强，不仅支持按照标签名称查询元素，也支持按照 CSS 类或 HTML 元素的 ID 属性等进行查询，还支持更加复杂的属性查询以及组合选择器等。例如：

```
.strong        表示查询 HTML 属性 class 为 strong 的那些元素
.news p        表示查询 class 为 news 的那些元素的后代 p 元素
```

图 10-4　一个 CSS 规则示例

BeautifulSoup 对象的 select( ) 方法允许使用 CSS 选择器进行元素选择，这给在爬虫中选择元素提供了更加灵活的表达方式。

10.7　教学组织安排

教学环节	教学过程	建议课时
知识导入	通过使用浏览器由人查看网页的直观经验，以及对网页 HTML 文档本质的回顾，引导学生思考非浏览器的脚本程序获取网页的情况，引出数据爬取的应用情况	1 课时
了解网络爬虫概念	结合大数据时代的数据分析前的数据获取阶段，结合 Web 信息网络中的海量数据现状，提出网络爬虫的技术可行性，学习网络爬虫概念	
学习数据抓取的技术基础	结合对 Web 爬虫的基本工作原理和框架，理解和体会 Web 爬虫中的两个技术基础： （1）HTTP。 （2）HTML 解析组件	
适用于数据抓取的相关库	在对 HTTP 的基本认识和 HTML 格式的理解基础上，学习以下两个用于数据抓取的第三方库。 （1）HTTP 请求组件 requests。 （2）HTML 解析组件 Beautiful Soup	
小节总结	回顾 Web 爬虫的原理、方法和技术框架，为页面爬取的实际编程奠定基础	
页面爬取	结合爬取数据的需要，以待爬取页面的感兴趣中内容为落脚点，在编程中学习和理解如下知识点。 （1）分析网页的文档结构和描述定位元素的需要。 （2）编程访问网页中特定元素的内容。 （3）借助 Soup 对象的导航利用相关的其他元素。 （4）利用 HTML 标签的属性值	1 课时
单元总结	回顾网络爬虫编程应用，总结网络爬虫的应用特点	

10.8 教学实施参考

1. 讨论式知识导入

引导学生回顾浏览器查看网页以及查看网页源代码的经验和 HTML 知识，讨论由浏览器以外的程序获取网页以及“理解”网页内容的可能性。

2. 关于网络爬虫的探讨

以讨论式知识导入的讨论为基础，引导学生思考网络爬虫的工作机制，引导其思考从 Web 庞大资源集合中使用脚本程序获取数据的网络爬虫行为和编程。

3. 在总结与归纳中认识网络爬虫的概念和总体框架

以知识回顾的形式，以信息自动提取的功能特性，从网页获取技术和网页解析为核心的总体认识和技术集成视角上，加深对网络爬虫的概念理解和技术认知。

4. 知识点一：网络爬虫概念

（1）网络爬虫是自动抓取 Web 信息的程序和脚本。

（2）网络爬虫要以对通信规则和网络资源的格式理解为基础。

（3）网络爬虫可以抓取一个页面的内容，也可以利用网页的链接关系，从网站中爬取多个网页的数据。

5. 知识点二：Web 爬虫的基本工作原理

（1）爬虫首先要基于 HTTP 和 Web 服务器通信从而获取页面。

（2）爬虫还需要对 HTTP 响应的内容（HTML 文档）进行解析，从纷繁但尤为重要的 HTML 标签中提取有用数据。

（3）在爬虫借助 HTTP 请求组件与 Web 服务器通信方面，需要掌握 URL、HTTP 请求方法和 HTTP 响应状态码等协议细节，这是编写爬虫必须遵循的规范。

（4）解析 HTML 格式数据并不使用正则表达式或其他方式实现，而应考虑使用成熟的第三方库，避免陷入 HTML 解析复杂的细节问题。

6. 知识点三：HTTP 请求组件 requests

（1）requests 库是一个非常受欢迎的用于 HTTP 通信的第三方库。

（2）演示 requests 发起 HTTP 请求和响应对象的属性的使用。

（3）将人工方式的人眼查看浏览器的习惯转换为用编程方式发起请求和访问响应对象（响应状态、响应内容等）的编程方式，体会 HTTP 编程的细节并加深对协议的理解。

7. 知识点四：HTML 解析组件 Beautiful Soup

（1）简要介绍 Beautiful Soup 的解析功能特性及其使用的广泛性。

（2）演示从 requests 响应内容构造 soup 对象以及访问 soup 对象的属性相关编程，在人看网页转变为机读网页的方式转变中加深对网络爬虫的网页解析的认识和理解。

（3）演示 soup 对象的其他属性以及访问属性对应于文档解析树中导航的特征，加深对 HTML 文档的结构分析重要性的认识和理解。

8. 知识点五：分析网页的文档结构和描述定位元素的需要

（1）演示浏览器的“开发者工具”的使用，借助该工具检查网页中的元素，特别是辅助描述感兴趣的元素的标签名称以及在解析树中的位置等特征。

（2）演示借助 soup 访问属性和解析树导航的特性，访问并提取相应元素的文本内容。

（3）演示 soup.select( ) 函数在 CSS 选择器方面的应用。CSS 选择器是独立于 soup 库的标准的 CSS 技术内容。在对比 soup 导航和 CSS 选择器的两种

编程方式对比中，激发学生对 CSS 选择器的合理性的认同感和对 CSS 的课外资料学习的积极性。

9. 知识点六：利用元素的属性和相关的其他元素

（1）结合解析树演示访问元素结点的父结点以及兄弟结点元素的编程，启发对树状结构的理解以及对 soup 导航方式的更全面的学习。

（2）演示提取标签元素的 href 属性值从而获得链接指向的相关页面 URL，从而使将单页面的爬虫应用拓展到多页面爬取。

10. 本单元知识总结

小结本单元的内容，布置课后作业。

10.9 拓展练习

（1）编程从中国政府网的“中国历史纪年简表”网页中提取中国历史纪年信息并打印到屏幕上。程序只需要输出含有省略号分隔的、具有类似于“夏……………………………约公元前 2070—约公元前 1600 年”格式的纪年信息。

提示：中国政府网的“中国历史纪年简表”网页 URL 为 http://www.gov.cn/guoqing/2005-09/13/content_2582651.htm，也可以通过百度搜索获得该 URL。可以使用浏览器访问该页面并使用开发者工具了解关注的纪年信息在网页中的 HTML 元素（标签）特点。程序运行情况如图 10-5 所示。

```
夏..................................约公元前2070—约公元前1600年
商..................................约公元前1600—前1046年
西周..................................公元前1046—前771年
春秋..................................公元前770—前476年
战国..................................公元前475—前221年
秦..................................公元前221—前207年
汉..................................公元前202—公元220年
```

图 10-5　程序输出从网页中爬取的纪年信息

（2）进一步完善上一个程序的功能，使得程序不仅能够在运行时爬取纪年信息，并能解析数据并保存在程序中，接受用户输入的年份查询，输出相应年份处在中国历史的什么朝代。

提示：可以使用 re 库进行正则表达式编程解析每一条纪年信息中的数据，利用分组可以提取出在每条纪年信息中的朝代、起始和终结的年份，要注意繁荣昌盛的“中华人民共和国”在纪年表中只有起始年份。程序运行情况如图 10-6 所示。

```
请输入查询年份：1997
中华人民共和国 1949年
请输入查询年份：1840
清 1644年 - 1911年
请输入查询年份：208
汉 公元前-202年 - 220年
东汉 25年 - 220年
请输入查询年份：-3000
没有查到相应的记录！
请输入查询年份：
```

图 10-6　利用爬取的数据实现查询功能

10.10　问题解答

【问题 10-1】 选 D。A、B 选项在 Request URL 中可以看到，C 选项在 Request Method 中可以看到，D 选项在 Status Code 中可以看到。200 不表示错误，而是表示成功状态。

【问题 10-2】 选 B。Response 对象并未提供 A 选项中 data 属性，C 选项是用于访问原始的二进制数据的属性，D 选项指的是解释网页的字符编码。

【问题 10-3】 选 D。BeautifulSoup 所解析的 HTML 文档中，<title> 标签元素和 <p> 标签元素的内容为文本“OK”。按照 BeautifulSoup 导航的功能特点，soup.title.text 和 soup.head.title.text 都访问了 <title> 标签元素的文本内容，soup.p.text 访问 <p> 标签元素的文本内容。由于 text 属性也含有子标签元素的文本内容，因此 soup.body.text 也能得到“OK”这样的内容。

10.11　第 10 单元习题答案

1. C　2. D　3. B　4. D　5. C

6. 参考编程题答案

```
import requests
from bs4 import BeautifulSoup
```

```
    import csv

    r = requests.get('https://liulingbing.top/paat/in.html')
    if r.ok:
        r.encoding = None
        soup = BeautifulSoup(r.text)
        data = []
        for h1 in soup.find_all('h1'):
            data.append([h1.text, h1.next_sibling.text])
        with open('out.csv', mode="w", newline='', encoding="utf-8")
as csvfile:
            writer = csv.writer(csvfile)
            writer.writerows(data)
    else:
    print('无法请求网页。')
```

本单元资源下载可扫描下方二维码。

扩展资源

第11单元
向量数据

11.1 知识点定位

青少年编程能力“Python 三级”核心知识点 10：（基本）向量数据。

11.2 能 力 要 求

掌握向量数据的基本表达及处理方法，具备解决向量数据计算问题的基本能力。

11.3 建议教学时长

本单元建议 4 课时。

11.4 教 学 目 标

1. 知识目标

本单元主要学习向量数据和向量计算的知识，学习 NumPy 库的编程，掌握基于 NumPy 的一些向量计算应用。

2. 能力目标

通过对向量数据和向量计算的应用总结，掌握 NumPy 库的使用，将普通

的单值计算推广到向量计算，锻炼学习者从具体到抽象的信息归纳能力。

3. 素养目标

结合向量数据的创建以及向量计算的应用，增强学生在数值计算和科学计算的学习和编程兴趣，提高其编程服务于科研的信息思维及能力素养。

11.5 知识结构

本单元知识结构如图 11-1 所示。

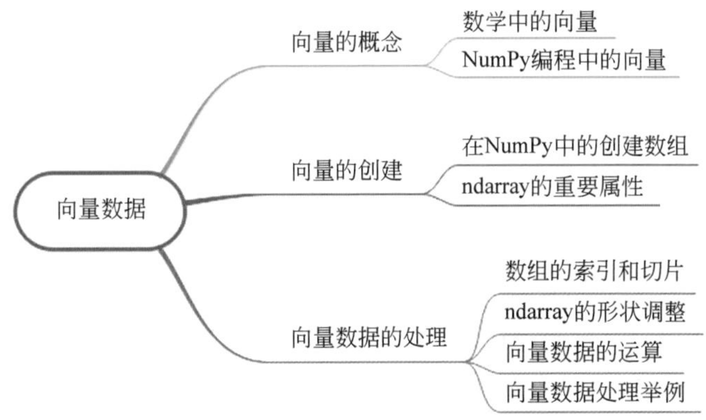

图 11-1　向量数据知识结构

11.6 课程补充知识点

1. 向量和向量计算是什么

在很多时候，对数量的描述都是一个值，如身高是 150cm，体重是 45kg 等。

数学中使用的计算量，通常是单个数值，如 1+2，3×4。但自然界中很多物理量实际不是一个数值就能刻画的，例如，图 11-2 中帆船航行不仅要关心风速大小，还要关心风向。又如有两匹马一起拉同一辆车，它们力气一样大，结果一匹马向东拉，另一匹马向西拉，它们虽然都在用力，但车辆将停在原地不动。典型地，这种带有方向和数量的物理量就需要用向量表示和计算。

图 11-2　风速既有方向又有大小

在数学计算和程序设计方面，比较基础的都是单值计算，也就是说，参与运算的数都是单个值。在数学理论和工具的发展中，出现了向量、矩阵，甚至张量等高级数学概念及其运算。简单地说，向量是包括多个分量的整体，通俗地说就是把一个数拓展到一组数，它在概念上是一维的，矩阵在概念上是二维的。向量的数学运算规则是向量的分量整体参与计算。

在数学上的向量过渡到计算机程序设计方面，很多编程语言把连续存储的类型相同的元素的整体作为一个“数组”。向量基本可以认为是这个“数组”的概念。在一些程序设计语言中，向量和数组有长度可变和固定的差异。

把数学中的向量计算联系到具体的计算机上的运算时，向量计算明显不同于传统 CPU 的算术运算指令工作方式，因为传统的 CPU 体系结构属于单指令流单数据的范畴，即便是在多核心 CPU 上，传统指令也没有质的变化。多个数据同时参与运算主要依靠并行计算的体系结构和指令支持，现阶段 GPU 的一些计算架构（如 CUDA）能够带来更高效的向量和矩阵计算（例如，在一个指令中完成两个向量数据的相加），因此在机器学习等对计算性能要求很高的领域，使用 CUDA 体系的 GPU 加速计算是一种趋势。

不管底层硬件是否能够在物理上支持一个指令中完成期望的向量计算，高级程序设计语言能够在更高的逻辑层面提供向量计算的语言习惯。NumPy 就是这样，例如，NumPy 中能够执行 a + b 将两个数组实现全部元素都参与相加。

2020 年，*Nature* 刊出 NumPy 团队的论文 *Array programming with NumPy*，足见数组程序设计（或者说向量计算）的重要性。

2. 向量加法和组合数据类型加法的差异

序列是典型的 Python 组合数据类型，并且序列被实现为支持加运算（连接运算）。但是，无论是不可变的元组类型，还是可变的列表类型，对加运算的意义是相同的，那就是连接两个序列形成一个结果序列。这样的计算在将序列考虑为元素的容器方面是有意义的，但是和数学计算中的一些问题对向量计算的要求不符。数学中的向量加法，强调各个分量对应进行加法，达成整体向量的加法运算。

NumPy 库提供的 ndarray 对象加运算符合向量计算的特点。因此相比而言，NumPy 在向量计算方面更有意义。

```
import numpy as np
a = np.array([1, 2])
b = np.array([3, 4])
print(a + b)
```

程序输出为：[4 6]

当然，NumPy 之所以受欢迎，原因不仅在此，还在于它提供了非常高效的向量计算实现，使用了 C 语言等传统编程语言的数组概念及存储，在数组中保存相同数据类型的数据，并且数组数据的管理不按照 Python 的对象方式组织和管理，从而从性能方式上保证了 NumPy 服务于科学计算的基本前提。NumPy 还提供数学、统计等大量的函数库，因此，NumPy 在基于 Python 的科学计算领域已经成为事实上的科学计算基础设施。

3. 多维数组的维度和形状

NumPy 中核心的数据类型是 ndarray，能够用来组织和存储一维、二维、三维甚至更高维度的数据。多维数组形成在各个维度上有一定长度的 N 维空间，如图 11-3 所示。

图 11-3 中从左到右分别是 3 个多维数组，维度分别是一维、二维和三维。ndarray 对象的 ndim 属性记录了多维数组的维度个数，图中三个数组对象的

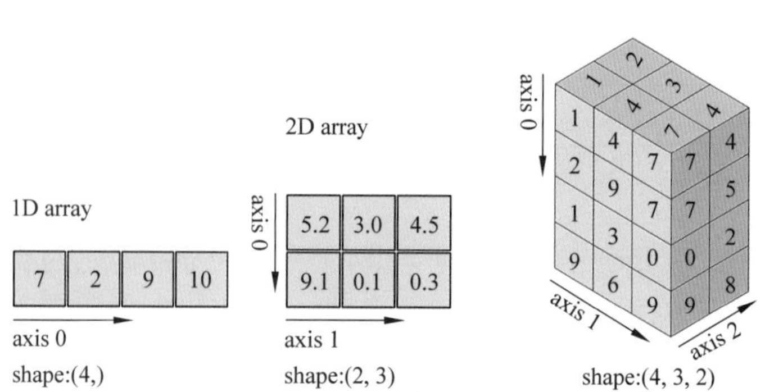

图 11-3　多维数组的形状

ndim 属性分别为 1、2 和 3。各个维度的长度综合在一起，决定了多维数组的形状。ndarray 对象的 shape 属性可以用于了解形状信息。shape 属性值的类型是元组，元组的长度就等于 ndim。

和维度以及形状相比而言，轴（axis）就不那么直观了，而且还很容易弄错。实际上，轴就是维度。图 11-3 中也画出了多维数组中不同的轴向。在一维数组中只有一个轴，即图中的 axis 0。在二维数组中有两个轴，即 axis 0 和 axis 1。三维数组以及更高维度的数组以此类推。但真正重要的是到底哪个方向的轴向算 axis 0，哪个方向的轴向算 axis 1……这是因为在一些运算中，可以传递轴笛卡儿坐标系的认识，经常会使我们习惯性地先想到 X 轴，再想到 Y 轴，最后想到或提到 Z 轴。但观察图中我们发现 0 号轴、1 号轴和 2 号轴并不对应于 X 轴、Y 轴和 Z 轴。这是因为我们习惯，用图 11-3 中的几何直观地来体会数组的形状。以二维数组为例，在行优先的习惯下，我们称它的形状为 2 行 3 列，实际提出 2 行就是沿列方向的直观感受，而 3 列则是行方向上的感受。

NumPy 中很多函数包括 axis 参数，用以指定向量计算沿哪个维度进行。典型地，以二维数组（形象描述为若干行、若干列）为例，axis=0 代表沿列方向进行，axis=1 代表沿行方向进行。当 axis=None 时，表示沿所有维度进行。例如：

```
>>> a = np.array([[1, 2], [3, 4]])
>>> a.sum( )
10
>>> a.sum(axis=0)
array([4, 6])
>>> a.sum(axis=1)
array([3, 7])
```

你可以尝试形象地画出数组元素的组织以及两个轴，加深对结果的理解。

4. NumPy 函数的 dtype

NumPy 中很多函数包括 dtype 参数，用以指定结果数组的元素的数据类型。比较常用的数值型的基本类型有 `np.bool`，`np.int`，`np.uint` 或者 np.float，指示数组中的元素类型为布尔型、整型、无符号整型以及浮点型。其中，`np.int`，`np.uint` 和 `np.float` 还有带上占用二进制宽度的形式，如 `np.int32`，`np.int16`，`np.int8`，`np.float64`，`np.float32` 等，类型名最后的数值代表这个类型占用空间的二进制位的个数，例如，int8 表示使用 8 位二进制存储一个整数。

5. NumPy 创建数组的方法

NumPy 中创建数组的方式多种多样，非常灵活。概括几个方面如下。

1）使用现有序列数据创建数组

关键例程：`numpy.array(object, dtype=None)`

本例程利用参数 object 中的数据，自动创建一个一维或多维的数组。object 参数通常为 Python 中的一个序列（例如列表或元组），也可以是 NumPy 的 array 对象。dtype 参数指示数组元素的数据类型，如果没有指定该参数值，则 NumPy 自动根据 object 中所含数据的类型决定数组元素的数据类型。如果指定了 dtype 参数，则以该参数为准（可能导致数据类型转换甚至是部分信息的丢失）。例如，“`np.array([1, 2.9], np.int)`”所创建的数组实际包括 1 和 2 两个整数值。

2）自动创建数值区间的数组

关键例程：`numpy.arange([start, ]stop, [step, ]dtype=None)`

该例程用于产生相等间隔的一组数值，作用类似于 range( )。和 range( ) 只支持整数值的情况不同，NumPy 也支持形成等步长分隔的一系列的浮点数值。

关键例程：

```
    numpy.linspace(start, stop, num=50, endpoint=True,
retstep=False, dtype=None)
```

该例程用于在 [start, stop] 闭区间上产生相等间隔的一组数值。参数

start 和 stop 指定区间起点和终点。num 为产生的样本个数，默认值为 50。endpoint 指示要不要在产生的数组中包括终点值，默认为 True，指定为 False 时终点值不在数组中。retstep 指示要不要返回使用的步长，默认不返回。

3）创建指定形状的数组

表 11-1 列出了可以指定数组形状和元素初始值的一组创建数组的函数。其中，左侧列出的函数和一个参数可以使用元组说明创建的数组的大小，而右侧列出的函数与左侧函数一一对应，使用另一个数组或序列来提供数组的维度信息。

表 11-1　可以指定数组形状和元素初始值的一组创建数组的函数

函　数	函　数
empty(shape, dtype=float)	empty_like(prototype, dtype=None)
full(shape,fill_value, dtype=None)	full_like(a,fill_value, dtype=None)
zeros(shape, dtype=float)	zeros_like(a, dtype=None)
ones(shape, dtype=None)	ones_like(a, dtype=None)

NumPy 会利用视图复用现有数组的数据

就像在 list 对象上调用 copy( ) 可以得到一个列表的一个复制品一样，NumPy 有时也会复制一个现有的数组，或者根据计算创建一个保留结果的数据，但在有的运算中，NumPy 避免创建新数据，取而代之的是复用现有数据，巧妙地提供查看这一组数据的另一个方式，这种手段称为视图。

例如：

```
a = np.arange(1, 5)
b = a.reshape((2, 2))
b[1,1] = 5
print('a=', a, '\nb=', b)
c = b.T
c[0, 0] = 0
print('c=', c)
print('b=', b)
print('a=', a)
```

程序输出结果为：

```
a= [1 2 3 5]
b= [[1 2]
 [3 5]]
c= [[0 3]
 [2 5]]
b= [[0 2]
 [3 5]]
a= [0 2 3 5]
```

容易看出，修改了数组 b 时，数组 a 的数据发生了变化，修改了数组 c 时，数组 a 和数组 b 的输出结果也体现了这些变化。也就是说，数组 a、数组 b 和数组 c，虽然看起来是三个数组，但背后的数据是同一份数据。

当然，NumPy 并不总是使用视图。例如：

```
a = np.arange(1, 5)
b = a.copy( )
c = np.array(b)
```

上述程序中的数组各自拥有各自的数据。还有一些其他函数也会遵循重新开辟数组空间的原则，这里不一一列举，使用时注意查阅文档，准确理解其规则。

7. NumPy 库的向量运算的广播规则

如果有两个数组 A 和 B，A op B 如果采用逐元素运算的规则，则符合向量运算特点。当数组 A 和数组 B 的形状不同时，把两个操作数统一成相同尺寸的数组，被称为广播。

A op B 的结果中的元素应为：

```
A[0] op B[0], A[1] op B[1], …
```

以单个值乘以一个数组 2 × np.array[1, 2, 3]) 的计算为例，

2	×	1	2	3

广播可以表示成：

2	2	2	×	1	2	3

从而使得两个数组形状相同，并进行逐元素的计算。

最后结果为 np.array([2, 4, 6])。

前面提到的把两个操作数统一成相同尺寸的数组，可能只是概念上的，如 2＊A，其中，A 是一个 100 行 100 列的二维数组，NumPy 没有必要，而且也一定不会为了计算就产生一个 10 000 个元素都是 2 的庞大数组。还有，刚才的图示可以认为是 NumPy 自动地沿着轴向拉伸了数组，如果想要编程实现这种效果，可以使用 numpy.tile( ) 函数，请自行了解。

 8. Matplotlib

Matplotlib 可能是 Python 绘图和数据可视化领域使用最广泛的第三方库，能轻松地将数据图形化，并且提供多样化的输出格式。这个库里的大量绘图功能和编程接口类似于 Matlab。

图表为更好地探索、分析数据提供了一种直观的方法，它对最终分析结果的展示具有重要的作用。就像 NumPy 提供了更适用于科学和工程技术的数值计算基础一样，Matplotlib 提供了便于数据可视化的基础功能。通过更早地运用数据可视化，图形不仅有助于形象地展示数据，更能有助于探索、分析数据中可能的规律。

pyplot 子模块是 Matplotlib 最为重要的子模块，其中提供了可以用来绘图的各种函数，比如创建一个画布，在画布中创建一个绘图区域，或是在绘图区域添加一些线、标签等。子模块中的 plot( ) 以及 scatter( ) 都是非常常用的绘图函数。plot( ) 能够把很多点一一连接在一起从而绘制出函数曲线，scatter( ) 则能够把点按照一定的格式显示出来，形成散点图，使二维平面空间中样本点的分布得到直观的呈现。

 9. 程序资源

本单元配套了哪个轴 .py、视图 .py、广播 .py 等程序，供授课教师选择演示、提高学生的学习兴趣。

11.7　教学组织安排

教 学 环 节	教 学 过 程	建议课时
知识导入	通过已经具备的组合数据类型的容器认识，回顾容器上运算的规则。介绍向量计算的数学意义，引导发现两者的不同	2 课时
展示 NumPy 的向量计算特征	和组合数据类型产生对比，展示 NumPy 数组对象的计算具有向量计算的特征	
用 NumPy 创建数组	创建数组是向量计算的基础，学习不同的创建数组的方式。 （1）使用现有序列数据创建数组。 （2）自动创建数值区间的数组。 （3）创建指定形状的数组。 结合灵活创建数组的方式，加深对数组的形象理解	
NumPy 数组的一些重要属性	演示 ndarray 对象的重要属性的使用及其意义	
向量数据的处理	在已知 ndarray 数组对象的情况下，学习操作数组对象。 （1）数组的索引和切片。 （2）NumPy 数组的形状调整。 （3）向量数据的运算	2 课时
向量数据处理举例	结合三个例子展示向量计算的应用场合。学习如下知识点。 （1）用向量记录函数映射并作图。 （2）坐标平面中的向量计算。 （3）商品销售中的向量计算	
单元总结	回顾创建 NumPy 数组的编程方式以及操作数组对象的方式及其典型应用，总结向量数据的应用特点	

11.8 教学实施参考

1. 讨论式知识导入

引导学生认识向量计算的整体参与运算的特点。

2. 关于向量数据和向量计算的探讨

以平面中的坐标点之间的距离和方向为例，开展向量数据和向量计算的探讨，加深对向量的认识，体会向量计算应有的特征。

3. 在总结与归纳中认识 NumPy 的向量计算特征和作用

以知识回顾的形式，从同类型的连续存储以及整体参与运算的计算特征，加深对于 NumPy 库核心编程特性的认识。

4. 知识点一：用 NumPy 创建数组

（1）演示使用现有序列数据创建数组，理解一维、二维甚至更高维度的多维数组元素组织。

（2）演示自动创建数值区间的数组，理解按照步长以及等分区间等方式产生的系列值作为数组的元素。

（3）演示创建指定形状的数组，从数组形状、是否初始化以及初始化元素的值等方面对比学习不同的创建数组函数。

（4）通过对比创建数组的不同方式，加深对数组的形象理解，促进得心应手地创建数组的编程能力的养成。

5. 知识点二：NumPy 数组的重要属性

（1）演示创建数据的维度和形状特征，促进对多维数组的元素组织的形象

思考。

（2）演示特定元素类型的数组和了解元素数据类型，促进对多维数组元素存储情况的抽象思考。

（3）演示降维（平面化）和转置的结果，促进对 ndarray 灵活性的认识和理解。

6. 知识点三：向量数据的处理

（1）演示数组的索引和切片，引导学生将已经掌握的 Python 序列索引和切片操作，推广到对 NumPy 多维数组的认识和理解。重点从多维数组的多维度下标索引、多维度切片、索引数组以及掩码数组的特殊索引和切片能力上，引导学生习惯向量数据的元素访问能力和访问方式。

（2）演示 NumPy 数组的形状调整，从多维数组降维到一维数组，以及一维数组和多维数组的相互转换，加深对 ndarray 形状的再认识。特别是在返回现有数组的新的视图的操纵习惯和方式上，拓展知识面，体会数据存储和访问数据方式的分离和综合，增进多维数组上的抽象思考。

（3）演示算术运算、比较运算和逻辑运算，以及常用数学函数的向量化版本，进一步加深对向量计算的理解，促进向量计算思维和主动应用向量计算的意识。

7. 知识点四：向量数据处理举例

（1）演示向量记录函数映射并作图。通过将数组中的多个自变量映射到多个对应的函数值，达到数学概念和编程知识的结合，促进学生的数学思维和数学工具的拓展。通过和 Matplotlib 库的结合使用，将抽象的连续函数，变成具体的离散样本序列，再到直观形象的函数图像，切实达到学以致用，并促进数学学习应用和科研技术的兴趣发展。

（2）演示坐标平面中的向量计算，把复杂的算法表达或者繁重的手工计算劳动转换为简洁的向量计算，使学生感受向量计算的数学之美和编程的优雅，并启发将向量计算用于解决实际问题的思维意识。

（3）演示商品销售中的向量计算。把商品调价的计算落实成向量计算，并运用 NumPy 统计类相关函数，发挥其在向量数据上的最值、排序和筛选等运算能力和作用。

8. 本单元知识总结

小结本单元的内容，布置课后作业。

11.9 拓展练习

（1）田忌赛马是一个著名的运筹学故事，通过巧妙的安排，使得田忌在各个等级的马匹的实力均低于齐威王相应等级马匹实力的情况下，获得了赛马比赛的胜利。请编程利用向量计算的方式，计算在知道齐威王的马匹上场顺序的情况下，田忌的马匹应该用什么出场顺序才能获胜。

提示：可以使用标准库的 itertools 模块提供的 `permutations` 函数实现给出所有可能的排列组合情况。`permutations(range(3))` 能够返回 0，1 和 2 以各种顺序排列的情形。因此可以设计为输入由 0，1，2 用逗号分隔的输入代表出场的马匹，对 `permutations(range(3))` 所给出的每种排列，与输入的出场马匹做比较。例如，`[2, 1, 0]` 去迎战 `[2, 1, 0]`，将会全部失败，而用 `[0, 1, 2]` 去迎战 `[2, 1, 0]` 将会失败两场、胜出一场。马匹对战的方案可以使用 NumPy 数组的向量计算，对两个数组比较大小，得到包括一组 True/False 值的数组，再对数组元素求和，结果是一个整数，代表胜出场数。

程序运行情况如图 11-4 所示。输入的 2，1 和 0 分别代表上等马、中等马和下等马。程序给出的应战方案是用下等马对战上等马（败）、用上等马对战中等马（胜）、用中等马对战下等马（胜）。

```
请输入依次上场的三匹马：2,1,0
[2 1 0]
[0 2 1] vs [2 1 0]
```

图 11-4　针对给定的依次出场的马匹安排应战的马匹

通过运行情况将会发现，田忌赛马的问题只有唯一的应战方案。那么如果不是三匹马比赛三场，而是五匹不同等级的马匹比赛五场，方案还唯一吗？可以尝试修改自己的程序，看能不能找到答案。

（2）假设某比赛的决赛有 3 位选手以及 3 位评委，共进行 3 个回合的竞技，在每个回合中每位评委给每位选手按 100 分满分的规则打分。各个回合和各位评委均有不同的权重比例，其中，第 1 回合到第 3 回合分别占 20%、30% 和 50% 的比重，三位评委的打分各自占到 30%、30% 和 40% 的比重。请使用

NumPy 数组编程，按照带权重的平均值规则，计算每位选手的最终得分。例如：

```
第一回合    [[[98 98 94]      (每一列代表一位选手
              [86 92 90]        每一行代表一位评委)
              [89 99 85]]
第二回合     [[97 93 90]
              [97 91 88]
              [91 87 89]]
第三回合     [[92 87 97]
              [99 97 87]
              [91 91 92]]]
```

以第一位选手为例，其最终得分为：

```
    (98×0.3+86×0.3+89×0.4) ×0.2 + (97×0.3+97×0.3+91×0.4) ×0.3 +
(92×0.3+99×0.3+91×0.4) ×0.5 = 93.39
```

11.10 问题解答

【问题 11-1】 选 C。A 和 B 选项都是依据指定的序列创建 NumPy 数组的形式，参数可以是列表，也可以是元组。D 选项在 `[1.5, 5.5]` 区间上产生 4 等分区间，产生 5 个样本，并且含有终点值 5.5。按照左闭右开的 range 普遍习惯，C 选项产生的数组内容是 `[1.5, 2.5, 3.5, 4.5]`。

【问题 11-2】 选 D。A 选项说明了数组 a 是一个二维数组，B 选项说明了数组 b 的第二维长度为 4。C 选项说明了数组 a 和数组 b 的元素数据类型是相同的。D 选项说数组 a 和数组 b 的形状是相同的，不正确，因为数组 a 是 3×3 的数组，而数组 b 是 4×4 的数组。

【问题 11-3】 选 C。A 选项是 `np.arange(0, 18, 3)` 所创建的数组 a 的数据，从 0 开始，步长为 3 的整数序列，但不包括指定的终值 18。B 选项是用作掩码数组的 `a % 2 == 0` 的结果，对应于数组 a 中每一个元素的值是否是偶数。C 选项是运用该掩码数组所筛选出的偶数元素。

11.11 第 11 单元习题答案

1. A　2. B　3. D　4. C　5. C

6. 参考编程题答案

```
import numpy as np

a = np.array([[189, 87], [174, 63], [226,141],
 [184, 71], [178, 72], [155, 46], [171, 52]])

print('{:.1f} {:.1f} '.format(np.mean(a[:, 0]), np.mean(a[:,
1])))

b = a[:, 1] / ((a[:, 0]/100)**2)
print(('{:.1f} '*7).format(*b))

c = b[(b >= 24) | (b < 18.5)]
print((len(c)*'{:.1f} ').format(*c))
```

本单元资源下载可扫描下方二维码。

扩展资源

第12单元
图像数据

12.1 知识点定位

青少年编程能力“Python 三级”核心知识点 11：(基本) 图像数据。

12.2 能 力 要 求

掌握图像数据的基本处理方法，具备解决图像数据问题的能力。

12.3 建议教学时长

本单元建议 4 课时。

12.4 教 学 目 标

1. 知识目标

本单元主要学习数字图像的原理和知识，学习使用 PIL 和 NumPy 查看数字图像数据以及处理数据图像数据，实施不同类型数字图像处理。

2. 能力目标

通过对数字图像数据的理解以及数字图像处理的应用总结，掌握 PIL 库的

使用，提升学习者关于以图像为代表的多媒体技术的认知水平，锻炼学习者对多媒体数据的信息处理能力。

3. 素养目标

结合数字图像数据的剖析以及数字图像数据的处理和变换，产生对数字图像处理的底层技术的根本问题思考，并结合 PIL 库的编程，培养学习者的科学问题探究精神和创新意识，进一步提高学生的抽象思维能力及素养。

12.5 知识结构

本单元知识结构如图 12-1 所示。

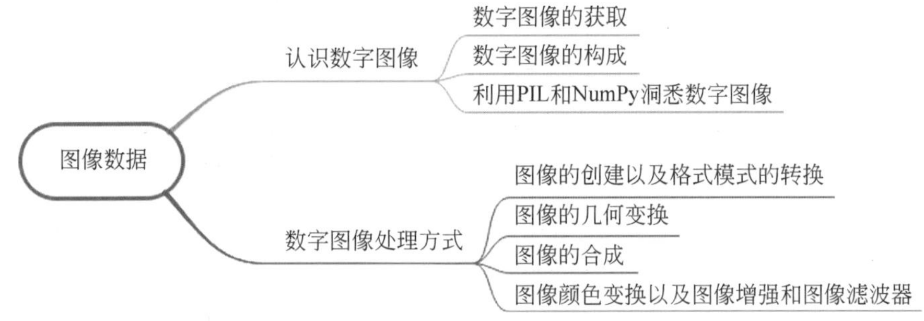

图 12-1　图像数据知识结构

12.6 课程补充知识点

1. 数字图像处理简史

数字图像的产生远在计算机出现之前，最早有电报传输的数字图像。数

字图像处理对早期计算机的性能要求可以说是比较苛刻的，随着计算机性能的发展以及相关数学和计算机的结合（例如，傅里叶变换和快速傅里叶变换等），数字图像处理应用范围越来越广泛。在个人计算机朝着多媒体化方向的持续发展中，数字图像处理具有突出的理论意义和应用价值。随着数字图像处理技术的不断发展，其内涵也不断扩展。数字图像处理早已不局限于指图像的变换、增强、恢复和重建，图像的分割、目标的检测、表达和描述、特征的提取、图像的分类、识别、图像模型的建立和匹配、图像和场景的理解等都是数字图像处理技术的进一步发展，也逐步迁移演进到机器视觉和计算机视觉领域。

计算机视觉和机器学习结合，以及人工智能领域的众多应用，推进数字图像处理向着更高的水平发展。如图 12-2 所示，nVIDIA 的 CEO 黄仁勋的“厨房”演讲的场景其实是虚拟世界，连黄仁勋本人也是虚拟的。

图 12-2　nVIDIA CEO 黄仁勋的“厨房”演讲场景和人都不是真实画面

2. 图像的数字化

数字图像有别于我们用肉眼直接观察到的客观世界。这是因为将客观世界的事物形成数字图像的过程中，经历了采样、量化和编码的过程，本质在于离散化。目之所及，皆是世界，但是任何成像系统都有分辨率的限制。体现在将可见范围内的多大尺寸投射到感光器件上形成一个可分辨的“像素”，这个像素的数量实际对应光电感应元件的数量。理想地说，将入射光线的能量转换成电荷等电信号的过程，完成了采样，即空间上的数字化。量化则反映了亮度强度的数字化，也就是说，将反射光强度从最强到最弱的若干个不同的强度等级。如果有 256 个不同的亮度等级，则可以使用 8 位二进制数予以表示。通过采样和量化，能够一方面在坐标系里数字化，另一方面在幅度取值方面数字化，从

而将客观世界中的画面捕捉并以一定的二进制数据形式存在。

图像捕捉感受的光的强度，并不是光的色彩（频谱），因此，常用的是针对红、绿、蓝三原色分别设置感光元器件，从而造成了颜色模式的认识。例如，RGB 颜色模式就是说数字图像中的每一个像素的数据由红、绿、蓝三个分量综合描述。

3. 数字图像的表示

数字图像总的分为矢量图像和栅格图像，本单元围绕栅格图像的处理展开。矢量图像包括绘制线条的指令，例如，SVG 图像便是如此。栅格图像是以像素为单位的，因此有图像尺寸的概念。横向和纵向分别有多少像素，决定了图像的尺寸（大小）。数字图像也有分辨率的概念，也称空间分辨率。分辨率是指单位长度有多个少像素，通常以每英寸的像素数衡量，常用单位为 dpi（dots per inch），如 96dpi、300dpi。对数字图像的使用决定了恰当的分辨率选择，例如，如果要在网页上显示，使用 72dpi 即可。如果要在印刷的册子中使用图片，最好保证图像的分辨率不低于 300dpi。数字图像最终呈现的媒体的空间分辨率决定了物理的尺寸。例如，某图像横向有 3000px，在 300ppi 的设备上呈现或输出时，图像的宽度为 10 英寸。而如果在显示器上查看时，由于显示器分辨率一般是几十或一百多 dpi，所以在不缩放显示的情况下，图像看起来会明显变大。反过来说，如果已经预期数字图像要印刷在精美的册子中，就应该保证图像拥有充足的像素。此外值得注意的是，有时也把图像的尺寸称为分辨率。

除了图像空间上的像素分布的考虑外，对具体的一个像素，对应着二进制序列的情况，则反映了灰度分辨率以及颜色模式方面。例如，一般灰度图像用 8 位二进制表示一个具体的灰度级别，它的灰度分辨率体现在能够表示 256 种不同的灰度级别。更高的灰度分辨率（例如，使用 16 位甚至是 32 位二进制）并不常用。对于彩色图像，根据不同的颜色模式，实际由多个通道的灰度数据表示。这时一个像素的数据不再是单个数值，而表现为一组值。例如，在 RGB 颜色模式的图像中，一个像素的值是形如（R，G，B）的三元组，R、G 和 B 分别是红色通道、绿色通道和蓝色通道的灰度级别。

4. 色彩和颜色模式

人显然更习惯于彩色而不是灰色。但从技术上讲，用单个值描述亮度级别的灰度图像是数字图像的基础，于是就有必要提出色彩模式。色彩模式其实是

一种数学模型，把颜色描述成一组值，典型的如 3 个值或者 4 个值。常用的颜色模式有 RGB、CMYK、L、RGBA 等，其他的还有 HSL 和 HSV 等。自然界中的色彩非常丰富，由于数字图像在数字化中的量化，导致每个通道分量的量化级数目总是有限的，综合多个通道从而形成的不同色彩也是有限的。

颜色模式有的是加色模式，有的是减色模式。例如，RGB 颜色模式属于加色模式，CMYK 颜色模式属于减色模式。RGB 颜色模式使用红、绿和蓝三种颜色作为色光三原色。如图 12-3 所示，不同的单色光叠加在一起混合出其他的颜色，例如，红色和绿色混合出黄色，红色、绿色和蓝色一起则混合出白色。从能量的角度来说，色光混合是亮度的叠加。和色光不同，在印刷领域使用以颜料为代表的色料混合调色。CMYK 是印刷领域常用的颜色模式。CMYK 颜色模式使用青（C）、品红（M）和黄（Y）三原色，另外，K 代表定位套版色（一般是黑色）。对比图 12-3 和图 12-4 容易发现，CMYK 是减色模式，直观地表现在中间 C、M 和 Y 颜色混合出黑色，和 RGB 混合出白色刚好相反。L 颜色模式仅有一个灰度级别，直观地感受是去掉彩色。RGBA 模式在 RGB 外添加了称为 Alpha 的通道，用来保存透明度信息。

在理解颜色模式的基础上，对颜色环或称色环就可以进行直观且具数学基础的分析了。颜色环反映了色光混合变化规律，颜色环中心为白色，每种色光都在环内或圆环上位于一个确定的位置。在颜色环中，由内向外饱和度增大。

从图 12-3、图 12-4 和图 12-5 中还可以发现其他有趣的特点：色环上角度相近的颜色接近，夹角 180° 的颜色为互补色，恰好 R 的补色是 C，R 和 M，B 和 Y 也是补色。夹角 180° 的颜色为对比色。如何让不同颜色搭配协调，是一门艺术，放在色环中，就成了一种技术。

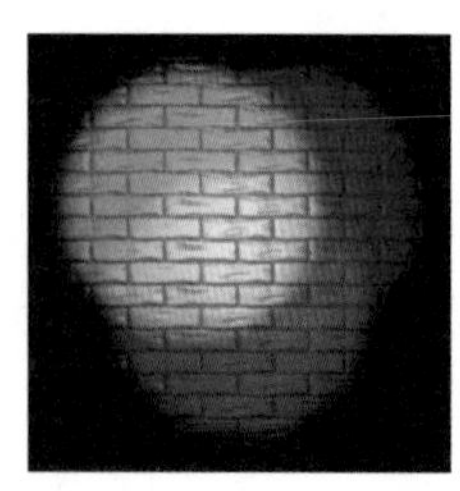

图 12-3 RGB 颜色模式

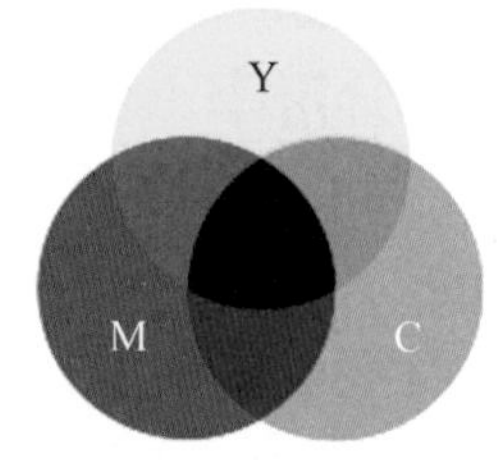

图 12-4 CMYK 颜色模式

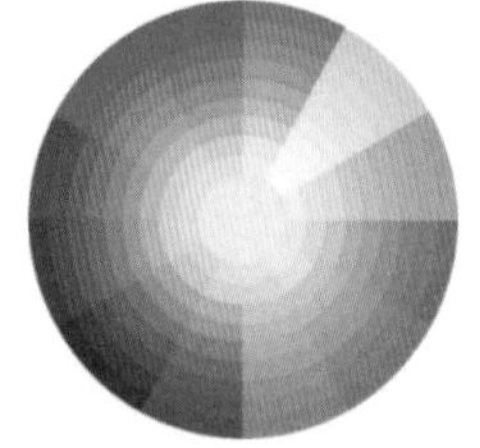

图 12-5 一个 12 色色环

5. 数字图像处理

对数字图像按照一定的算法进行的变换都可以称为数字图像处理。这种处

理可能是统计分析性质的，例如统计一幅图像中的灰度级别的最大值和最小值，这种处理结果并不以产生另一幅图像为目标。还有更多的数字图像处理以图像作为输入，处理结果仍然为图像。大部分数字图像处理任务是这一类处理，例如，对图像进行增强处理或者实施变换或滤镜处理，把一幅图像变得更加锐利以突出细节，或者进行模糊处理，又或者是将一幅灰度级别丰富的图像转换为只有黑色和白色两种颜色（相当于只有两个可区别的灰度级别）。这些处理也可能不是数字图像处理的最后环节，而是作为图像预处理，为后续的进一步处理奠定基础。例如，把图像转换成二值图像（即非黑即白），为后续进一步图像膨胀以及寻找边界甚至是图像的理解奠定基础。

6. Pillow 库简介

Pillow 库是一个知名的图像处理第三方库，因此需要按名称“Pillow”安装这个库。但是编程时导入模块按照“PIL”模块名导入。例如，以下的命令行命令和程序语句。

```
python3 -m pip install --upgrade Pillow
from PIL import Image
```

Pillow 库的 PIL 模块被设计为包含很多子模块，最常用的是 Image 子模块。因此程序经常包含上面提到的 import 语句。

使用 PIL 模块，一般先使用 `Image.open()` 函数打开图像，之后进行显示或者其他各种处理。

```
from PIL import Image
im = Image.open("lake.jpg")
im.show()
im.close()
```

`Image.open()` 函数返回一个 Image 对象。`Image.show()` 会启动操作系统中的默认图片查看器显示 Image 对象的图片。如果细心观察，会发现实际打开的文件并非 `Image.open()` 指定的文件，而是在临时目录下的一个临时文件。

除了 Image 子模块外，其他模块也经常被用到。例如，`ImageEnhance` 模块提供图像增强工具，`ImageFilter` 提供图像滤镜处理功能。

7. 利用 NumPy 实施图像数据处理

可以使用 np.asarray(im) 从 Image 图像数据构造 NumPy 多维数组，这样就可以在一个二维数组或三维数组中存取和处理图像数据。当图像的颜色模式是 L 模式时，图像只有一个通道（L 通道）的数据，对应的 NumPy 数组是二维数组。如果是其他模式（例如，RGB 模式），则对应三维数组，第一维和第二维是空间的维度，第三维是通道的维度。

对图像的数组数据可以进行任何处理，例如，下面的程序可以绘制图像的直方图（统计每种不同灰度级别的像素个数。为了展示计算，此处没有使用 matplotlib 直接利用原始数据统计并绘制直方图的函数）。

```
px = np.asarray(Image.open("lake.jpg").convert('L'))
Y = np.bincount(px.flat)
plt.plot(Y)
plt.show()
```

结果如图 12-6 所示。

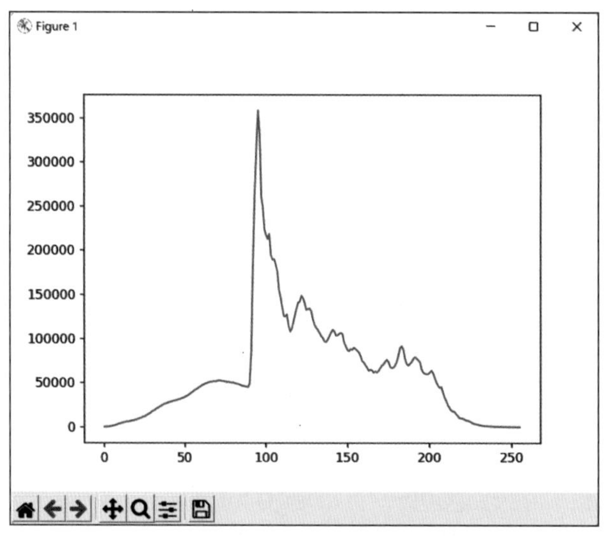

图 12-6　图像的直方图

假设 px 中已经保存图像数组数据，以下代码通过切片操作即可实现几种图像变换。

```
plt.subplot(2, 2, 1).imshow(px, cmap='gray')
plt.subplot(2, 2, 2).imshow(px[:, ::-1], cmap='gray')
```

```
plt.subplot(2, 2, 3).imshow(px[::-1], cmap='gray')
plt.subplot(2, 2, 4).imshow(px[::-1, ::-1], cmap='gray')
plt.show( )
```

程序运行结果如图 12-7 所示，可以看出轻松地实现了水平镜像、垂直镜像以及旋转 180° 等变换效果。

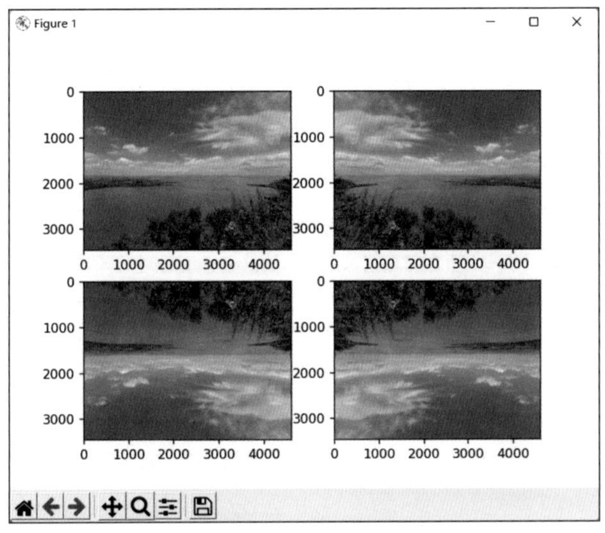

图 12-7　仅利用 NumPy 数组切片便可实现图像变换

8. 程序资源

本单元配套了图像直方图 .py、NumPy 切片实现图像处理效果 .py 等程序，供授课教师选择演示，提高学生的学习兴趣。

12.7　教学组织安排

教 学 环 节	教 学 过 程	建议课时
知识导入	通过已经具备的数字图像获取经验以及图像文件的一些基本知识，引入数字图像的讨论，重点对数字图像的获取和构成进行讨论	1 课时

续表

教学环节	教学过程	建议课时
数字图像的获取和构成	依据学生已有的图像认识，总结性学习如下知识点。 （1）数字图像的获取。 （2）数字图像的构成以及图像的压缩	1 课时
利用 PIL 和 NumPy 洞悉数字图像	通过 PIL 打开和显示图像，通过 PIL 访问数字图像文件的元数据，进而通过 NumPy 从总体到部分地探究数字图像数据，由表及里地认识数字图像	
图像的创建以及格式模式的转换	从创建图像以及图像的格式模式转换等方面，熟悉 PIL 中 Image 对象的格式和模式等数字图像特征	
图像的几何变换	以数字图像（及其像素）的尺寸、形状、角度等几何属性发生变换的视角，学习相关的数字图像处理，熟悉 PIL 的部分功能	
图像的合成	以数字图像（及其像素）的拼接、混合和绘图等图像叠加视角，学习相关的数字图像处理，熟悉 PIL 的部分功能	2 课时
图像颜色变换以及图像增强和图像滤波器	以数字图像增强的视角出发，结合点运算和领域运算对数字图像像素数据的映射处理，学习相关的数字图像处理，熟悉 PIL 的部分功能	
课堂讨论	讨论一些数字图像处理的实现技术手段	
单元总结	回顾数字图像原理，总结数字图像处理的应用特点	

12.8 教学实施参考

1. 讨论式知识导入

引导学生回顾手机拍照等数字图像获取及相关数字图像存储、传输等方面的经验和计算机图像的基本知识，讨论数字图像的获取和构成。

2. 关于数字图像处理的探讨

引导学生对数字图像的获取、变换等多方面的处理开展讨论，思考数字图

像的构成以及数字图像处理的数学原理。

3. 在总结与归纳中认识数字图像数据和数字图像处理

以知识回顾的形式，借由同学们已经了解和熟悉的颜色模式、图像文件格式等内容以及图片处理经验，总结数字图像的基础、数字图像数据和数字图像处理的大致框架。

4. 知识点一：数字图像的获取和构成

（1）展示矢量图像和位图图像、彩色图像和灰度图像等不同类型的数字图像，重点理解灰度图像和彩色图像的获取以及位图图像的构成。

（2）灰度级别是数字图像的像素数据，不同颜色通道的灰度级别混合成彩色的颜色数据。

（3）位图图像是由像素构成的，每一个像素都有其颜色数据，可能是单个数值的灰度级别，也可能是多个通道的元组数据。

（4）原始的数字图像数据量太大，使用图像压缩技术能够极大降低对空间和带宽的需要。

5. 知识点二：利用 PIL 和 NumPy 洞悉数字图像

（1）演示 Pillow 库的安装和显示图片等简单使用。

（2）演示 PIL 通过 Image 属性了解图像元数据，加深对图像文件格式、图像颜色模式以及图像尺寸等方面的属性的理解。

（3）演示 NumPy 查看图像数据，以及 NumPy 在图像数据的索引和切片操作，将数学计算和数字图像的直观视觉有效联系，加深对数字图像处理的原理性理解，启发创新性思维。

6. 知识点三：图像的创建以及格式模式的转换

（1）演示创建纯色填充的数字图像，加深对颜色模式和颜色的应用的理解，体会数字图像的可操作性。

（2）演示转换图片格式，体会 PIL 在文件格式方面向上隐藏格式细节的作用。

（3）演示转换图片（颜色）模式和基于 NumPy 的数字图像处理相呼应，体会数字图像模式转换的数学意义，熟悉 PIL 操作。

7. 知识点四：图像的几何变换

（1）演示裁剪图像和基于 NumPy 的数字图像的切片操作相呼应，体会裁剪图像的数学意义，熟悉 PIL 操作。

（2）演示调整图像尺寸以及为图像生成缩略图，体会尺寸变换的数字图像处理，掌握 PIL 操作。

（3）演示图像旋转和多种 transpose 变换，联系手机修图等使用经验，体会几何变换的数字图像处理，掌握 PIL 操作。

8. 知识点五：图像的合成

（1）演示用粘贴图像实现拼图的实例，体会图像数据拼接和叠加的数字图像处理，掌握 PIL 操作。

（2）演示分离和合并通道数据，加深对数字图像数据的理解，体会图像处理特效的数学意义，掌握 PIL 操作。

（3）演示混合两个图像，加深对数字图像叠加的数字思考，掌握 PIL 操作。

（4）演示利用 RGBA 模式的 PNG 图像中的 Alpha 通道控制合并，拓展对颜色模式的理解，加深对数字图像叠加的数学思考，掌握 PIL 操作。

（5）演示使用 ImageDraw 模块绘制文字产生的水印效果，加深对数字图像叠加的数学思考，掌握 PIL 操作。

9. 知识点六：图像颜色变换以及图像增强和图像滤波器

（1）演示基于图像上的点运算原理的图像反相、亮度调整以及强化单个通道灰度级别等特效，学习图像颜色变换的数学意义和 PIL 编程。

（2）演示 PIL 提供的图像增强工具在色彩平衡、对比度、亮度和锐度的调节方面的效果，掌握 PIL 图像增强编程。

（3）从数学角度解释邻域运算和卷积运算，使用 PIL 滤波器实现图像处理特效，掌握 PIL 操作。

10. 本单元知识总结

小结本单元的内容，布置课后作业。

12.9 拓展练习

（1）编程自动调整尺寸、压缩图像。程序接受文件名的输入，并将指定的图像文件压缩为宽度不超过 600px，且高度不超过 450px 的图像。压缩后保存结果图像并自动打开图片查看器查看该结果图像。

（2）根据自行获取含有建筑或人物的图像文件，编程对图像进行增强和滤波处理。

12.10 问题解答

【问题 12-1】 以 Windows 为例，可以使用“画图”程序打开图片文件，再使用“另存为”操作，指定“保存类型”为“24 位位图”，如图 12-8 所示。对比原图片文件和保存的 BMP 文件，容易发现 BMP 文件占用空间较大。

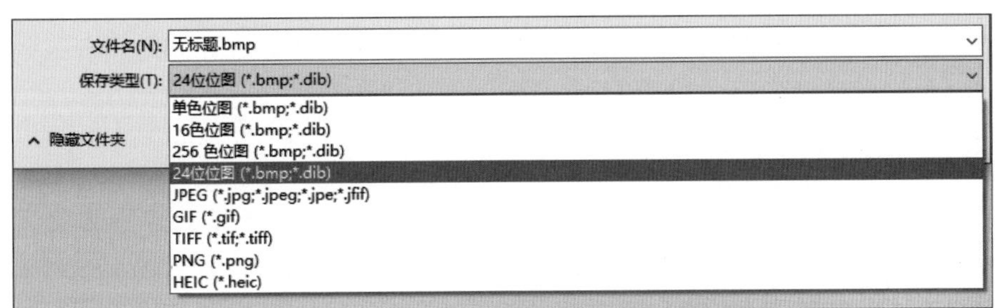

图 12-8　图像另存为 24 位位图文件

【问题 12-2】 参考如下程序代码。

```
from PIL import Image
```

```
im = Image.new('RGBA', (100, 100), (192, 192, 192, 128))
im.save('image1.png')
im.show( )
```

12.11 第 12 单元习题答案

1. B 2. A 3. D 4. C 5. D

6. 参考编程题答案

```
from PIL import Image, ImageFilter

im1 = Image.open('IMG1.jpg')
im1 = im1.resize((im1.width // 2, im1.height // 2)).crop(
    (0, 0, 1000, 1000))

im2 = Image.open('IMG2.jpg')
im2 = im2.filter(ImageFilter.BLUR).crop(
    (im2.width - 2000, im2.height - 2000,
    im2.width, im2.height)).resize((1000, 1000))

im = Image.blend(im1, im2, 0.5)
im.save('合并图像.jpg')

im.thumbnail((100, 100))
im.save('缩略图.jpg')
```

本单元资源下载可扫描下方二维码。

扩展资源

附录 A
青少年编程能力等
级标准第 2 部分：
Python 编程三级节选

标准编号

T/CERACU/AFCEC/SIA/CNYPA 100.2—2019

范围

本标准规定了青少年编程能力等级，本部分为本标准的第 2 部分。

本部分规定了青少年编程能力等级（Python 编程）及其相关能力要求，并根据等级设定及能力要求给出了测评方法。

本标准本部分适用于各级各类教育、考试、出版等机构开展以青少年编程能力教学、培训及考核为内容的业务活动。

规范性引用文件

下列文件对于本文件应用必不可少。凡是注日期的引用文件，仅注日期的版本适用于本文件。凡是不注日期的引用文件，其最新版本(包括所有的修改单)适用于本文件。

GB/T29802—2013《信息技术学习、教育和培训测试试题信息模型》。

术语和定义

4.1 Python 语言（Python Language）

由 Guido van Rossum 创造的通用、脚本编程语言，本部分采用 3.5 及之后的 Python 语言版本，不限定具体版本号。

4.2 青少年（Adolescent）

年龄在 10 岁到 18 岁之间的个体，此“青少年”约定仅适用于本部分。

4.3 青少年编程能力 Python 语言（Python Programming Ability for Adolescents）

“青少年编程能力等级第 2 部分：Python 编程”的简称。

4.4 程序（Program）

由 Python 语言构成并能够由计算机执行的程序代码。

4.5　语法（Grammar）

Python 语言所规定的、符合其语言规范的元素和结构。

4.6　语句式程序（Statement Type Program）

由 Python 语句构成的程序代码，以不包含函数、类、模块等语法元素为特征。

4.7　模块式程序（Modular Program）

由 Python 语句、函数、类、模块等元素构成的程序代码，以包含 Python 函数或类或模块的定义和使用为特征。

4.8　IDLE

Python 语言官方网站（https://www.python.org）所提供的简易 Python 编辑器和运行调试环境。

4.9　了解（Know）

对知识、概念或操作有基本的认知，能够记忆和复述所学的知识，能够区分不同概念之间的差别或者复现相关的操作。

4.10　理解（Understand）

与了解（4.9 节）含义相同，此“理解”约定仅适用于本部分。

4.11　掌握（Master）

能够理解事物背后的机制和原理，能够把所学的知识和技能正确地迁移到类似的场景中，以解决类似的问题。

5.　青少年编程能力 Python 语言概述

本部分面向青少年计算思维和逻辑思维培养而设计，以编程能力为核心培养目标，语法限于 Python 语言。本部分所定义的编程能力划分为四个等级。每级分别规定相应的能力目标、学业适应性要求、核心知识点及所对应能力要求。依据本部分进行的编程能力培训、测试和认证，均应采用 Python 语言。

5.1　总体设计原则

青少年编程等级 Python 语言面向青少年设计，区别于专业技能培养，采用如下四个基本设计原则。

（1）基本能力原则：以基本编程能力为目标，不涉及精深的专业知识，不以培养专业能力为导向，适当增加计算机学科背景内容。

（2）心理适应原则：参考发展心理学的基本理念，以儿童认知的形式运算阶段为主要对应期，符合青少年身心发展的连续性、阶段性及整体性规律。

（3）学业适应原则：基本适应青少年学业知识体系，与数学、语文、外语等科目衔接，不引入大学层次课程内容体系。

（4）法律适应原则：符合《中华人民共和国未成年人保护法》的规定，尊重、关心、爱护未成年人。

5.2 能力等级总体描述

青少年编程能力 Python 语言共包括四个等级，以编程思维能力为依据进行划分，等级名称、能力目标和等级划分说明如表 A-1 所示。

表 A-1 青少年编程能力 Python 语言的等级划分

等 级	能力目标	等级划分说明
Python一级	基本编程思维	具备以编程逻辑为目标的基本编程能力
Python 二级	模块编程思维	具备以函数、模块和类等形式抽象为目标的基本编程能力
Python 三级	基本数据思维	具备以数据理解、表达和简单运算为目标的基本编程能力
Python 四级	基本算法思维	具备以常见、常用且典型算法为目标的基本编程能力

青少年编程能力 Python 语言各级别代码量要求如表 A-2 所示。

表 A-2 青少年编程能力 Python 语言的代码量要求

等 级	能力目标	代码量要求说明
Python一级	基本编程思维	能够编写不少于 20 行 Python 程序
Python 二级	模块编程思维	能够编写不少于 50 行 Python 程序
Python 三级	基本数据思维	能够编写不少于 100 行 Python 程序
Python 四级	基本算法思维	能够编写不少于 100 行 Python 程序，掌握 10 类算法

补充说明：这里的代码量指解决特定计算问题而编写单一程序的行数。各级别代码量要求建立在对应级别知识点内容基础上。程序代码量作为能力达成度的必要但非充分条件。

6. “Python 三级”的详细说明

6.1　能力目标及适用性要求

Python 三级以基本数据思维为能力目标，具体包括如下 4 个方面。

（1）基本阅读能力：能够阅读具有数据读写、清洗和处理功能的简单 Python 程序，了解程序运行过程，预测运行结果。

（2）基本编程能力：能够编写具有数据读写、清洗和处理功能的简单 Python 程序，正确运行程序。

（3）基本应用能力：能够采用 Python 程序解决具有数据读写、清洗和处理的简单应用问题。

（4）数据表达能力：能够采用 Python 语言对各类型数据进行正确的程序表达。

Python 三级与青少年学业存在如下适用性要求。

（1）前序能力要求：具备 Python 二级所描述的适用性要求。

（2）数学能力要求：掌握集合、数列等基本数学概念。

（3）信息能力要求：掌握比特、字节、Unicode 编码等基本信息概念。

6.2　核心知识点说明

Python 三级包含 12 个核心知识点，如表 A-3 所示，知识点排序不分先后。其中，名称中标注“(基本)”的知识点表明该知识点相比专业说法仅做基础性要求。

表 A-3　青少年编程能力“Python 三级”核心知识点说明及能力要求

序号	知识点名称	知识点说明	能 力 要 求
1	序列与元组类型	序列类型、元组类型及其使用	掌握并熟练编写带有元组的程序，具备解决有序数据组的处理问题的能力
2	集合类型	集合类型及其使用	掌握并熟练编写带有集合的程序，具备解决无序数据组的处理问题的能力
3	字典类型	字典类型的定义及基本使用	掌握并熟练编写带有字典类型的程序，具备处理键值对数据的能力
4	数据维度	数据的维度及数据基本理解	理解并辨别数据维度，具备分析实际问题中数据维度的能力

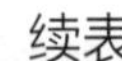

续表

序号	知识点名称	知识点说明	能力要求
5	一维数据处理	一维数据表示、读写、存储方法	掌握并熟练编写使用一维数据的程序，具备解决一维数据处理问题的能力
6	二维数据处理	二维数据表示、读写、存储方法及 csv 格式的读写	掌握并熟练编写使用二维数据的程序，具备解决二维数据处理问题的能力
7	高维数据处理	以 JSON 为格式的高维数据表示、读写方法	基本掌握编写使用 JSON 格式数据的程序，具备解决数据交换问题的能力
8	文本处理	以基本 re 库为内容的文本查找、匹配等基本方法	基本掌握编写文本处理的程序，具备解决基本文本查找和匹配问题的能力
9	数据爬取	以 requests 库为内容的页面级数据爬取方法	基本掌握网络爬虫程序的基本编写方法，具备解决基本数据获取问题的能力
10	（基本）向量数据	向量数据理解及以列表和 Numpy 为方式的多维向量数据表达	掌握向量数据的基本表达及处理方法，具备解决向量数据计算问题的基本能力
11	（基本）图像数据	图像数据理解及以 PIL 库为内容的基本图像数据处理方法	掌握图像数据的基本处理方法，具备解决图像数据问题的能力
12	（基本）HTML 数据	HTML 数据格式理解及 HTML 数据的基本处理方法	掌握 HTML 数据的基本处理方法，具备解决网页数据问题的能力

6.3　核心知识点能力要求

Python 三级 12 个核心知识点对应的能力要求如表 A-3 所示。

6.4　标准符合性规定

Python 三级的符合性评测需要包含对 Python 三级各知识点的评测，知识点宏观覆盖度要达到 100%。

根据标准符合性评测的具体情况，给出基本符合、符合、深度符合三种认定结论。基本符合指每个知识点提供不少于 5 个具体知识内容，符合指每个知识点提供不少于 8 个具体知识内容，深度符合指每个知识点提供不少于 12 个具体知识内容。具体知识内容要与知识点实质相关。

用于交换和共享的青少年编程能力等级测试及试题应符合 GB/T29802—

2013 的规定。

6.5　能力测试要求

与 Python 三级相关的能力测试在标准符合性规定的基础上应明确考试形式和考试环境，考试要求如表 A-4 所示。

表 A-4　青少年编程能力“Python 三级”能力测试的考试要求

内　容	描　述
考试形式	理论考试与编程相结合
考试环境	支持 Python 程序运行的环境，支持文件读写，不限于单机版或 Web 网络版
考试内容	满足标准符合性（6.4 节）规定